土中環境

忘れられた
共生のまなざし、
蘇る古の技

土中環境

忘れられた共生のまなざし、蘇る古の技

高田宏臣

目次

はじめに　6

第1章　土中環境とは

01　土中環境への目覚め　10
02　森林の状態と土中環境の相関性　16
03　土壌の構造と土中菌糸と樹木との共生　20
04　健全な土壌構造の崩壊が引き起こす林床の荒廃　27
05　土中の階層構造と通気浸透水脈　32
06　生死の循環を司る菌糸の神秘　38
07　すべては土に還るということ　46

鼎談

土中環境再生は地方創生につながる——太夫浜 海辺の森、海岸松林の環境改善プロジェクト　53
篠田 昭氏×羽ケ崎 章氏×高田宏臣

第2章　大地の通気浸透水脈

01　地形と大地の通気浸透水脈について　66
02　健康な河川の仕組みとその崩壊とは　~貯水ダムとシルトの流亡プロセス　76
03　土石流と大地の自律的な環境再生プロセスから　83
04　水の力　~その変化がもたらすもの　100

第3章 暮らしを支える海・川・森の循環

01 信仰に守られてきた大地の水循環 ～弘法大師の足跡から 108
02 「川のいのち」というもの ～アイヌの暮らしと北海道の河川 116
03 地下水がつなぐ海と森 128
04 鎮守の杜が守る発酵の里 136

対談
発酵は自然の神秘——寺田本家の周辺環境と発酵 146
寺田 優氏 × 高田宏臣

第4章 安全で豊かな環境を持続させてきた先人の智慧と技

01 過去の土木造作の技と智慧を見直す意味 158
02 土砂崩壊を土中環境から考える 161
03 石垣や道の造作に見るかつての土木の視点 167
04 平野開発におけるかつての土木造作 175

第5章 土中環境改善の実例5例

01 太夫浜 海辺の森、海岸松林の環境改善（新潟・北区） 184
02 吉野山 太閤花見塚の環境再生（奈良・吉野町） 190
03 明長寺の水脈環境改修工事（川崎・川崎区） 195
04 現代住宅や伝統的家屋の土中環境改善（千葉・茂原市他） 201
05 里山ダーチャフィールドの環境再生（千葉・緑区） 208

おわりに 219
参考文献 222

はじめに

私は2011年の震災以降、これまで積み重ねてきた造園・土木実務を見直し、傷んだ自然環境の再生と、土地を傷めない環境造作、土木工法の実証と指導、普及に取り組んできました。

また、毎年とめどなく広域化する風水害の被災地や土砂災害地に足を運び、周辺環境から災害発生要因を調べてまいりました。

「自然環境」と言うと、現代人にとって、何か日常とかけ離れたもののように感じられると思います。しかし、ここで述べる「自然環境」とは、いわゆる「人工環境」の対義語としての意味ではありません。都会を含むすべての大地と、そこを起点として水と空気が循環することで息づく環境全体を示します。そこには私たち人間もまた含まれます。つまりは人間も環境の一部ということですが、現代の学問、科学技術においては、人間を切り離して環境を客体としてとらえようとする傾向が強いのではないでしょうか。

環境の営みは本来、無限の要因が絡み合って微妙な平衡状態を保つことで成り立ちます。この無限の要因を一つ一つ、実証と計量で明らかにすることには無理があり、それだけでは環境の全体像を把握できないばかりか、ますます遠ざけてしまっている面もあるかもしれません。

被災地の環境の健康具合を調べて回り、昔の人の環境への造作《ぞうさ》の名残を見ていく中で、土地の豊かさを保ちながら持続的に環境の営みを安定させようとしてきた、かつての素晴らしい智慧と造作にいつも驚かされてきました。見えない世界の存在をおそれ敬い、いのちの環境に対する傲慢な向き合い方を常に自省するという姿勢があったことに、しばしば心を打たれます。

かつては、人間が理論的に実証で示せないものを、信仰や感性、本能的な感覚と歩調を合わせて、ごく当たり前に補ってきたことが分かります。

いつしか私たちは、こうしたいのちの本能から体感的に把握される智慧を「非科学的」と称して蓋をしてしまい、不都合なもの、計量や実証で因果関係を示せないものに対して目をふさいできたように思います。

その結果として、歯止めのかからぬ災害の広域化、次々と現れては深刻化する感染症、そして出口の見えない環境や気候の非常事態、私たちは解決の糸口すら見えないたくさんの問題を先送りにして積み上げてしまったのかもしれません。

このままでは今の世界も文明も持続しない。そのことに多くの人が気づきつつある今だからこそ、こうした先人の姿勢の意味をもう一度振り返り、文明の在り方や環境への向き合い方、姿勢から再構築していく必要があるのではないかと思います。

「温故知新」という、不朽の言葉があります。時代が変わっても決して古びることのない言葉には必ず真理があり、人や社会が迷いに直面した時、それが確かな道しるべになることが往々にしてあります。

この本は、日本人が長い営みの中で培ってきたかつての自然認識や造作、土や水への認識とその基にあるものの理解への一助になればとの願いを込めて、書かせていただきました。

「土中環境」という用語は、2017年、建築資料研究社発刊 季刊誌『庭』228号の誌面にて、私たちの環境再生の取り組みを特集いただいた際の、「土中環境を考える」というタイトルに始まり、そして少しずつ普及してきました。

生と死、死と再生を含む自然の営みと大循環を把握する際、土中環境の健康具合に視点を向ける必要があります。

いまだ一般的にはなじみのない言葉かもしれませんが、「土中環境」に視点を向けることで学び感じ取ることが、行き詰まった時代に自然認識を修正し、未来を開いていくために必要なことと思い、この本のタイトルにさせていただきました。多くの方に伝わっていくことを願います。

第1章
土中環境とは

01

土中環境への目覚め

依正不二《えしょうふに》。

山川草木すべての環境と私たち人間とは一体不二の関係にあることを意味する仏教用語で、不動なる自然の摂理を伝えています。

依正とは、依報《えほう》と正報《しょうほう》とを表し、依報は、われわれを取り囲むすべての国土・環境のことであり、正報とは衆生、すなわち私たち自身のことを表します。

つまりこの言葉は、環境あるいは他のいのちを傷つければ、それはそのまま自分自身を傷つけることになる。多くのいのちが共存できない環境になってしまったら人間も生きられない。そんな厳然たる真実を、現代の私たちに呼びかけているのです。

現代科学が見落とした視点

――いのちはどこから来て、どこに行くのか。

そんな疑問にさえ、現代科学は本質的な面から答えていません。しかし、「土から生まれて土に還る」ということを体感的に理解している人は多いのではないでしょうか。特に、つい数十年前まで多くの地域で普通に行われてきた土葬（遺体を焼かずに木桶に入れて土中に収める埋葬）や、今も離島の一部で行われている風葬（遺体を埋めずに、洞窟などに納めて風化させる葬送）を知る人は、本来の健全な土の世界こそが、生と死の循環を司るいのちの母体であることを、容易に体得していることでしょう。

見えない土中の世界がどのようにして、いのちの母体としての働きを保ってきたのか。現代社会、特に現代科学は、なかなかそこには目が向かないようです。

大切なのは土中環境

私自身、大学で森林分野を専攻し、23歳の時から造園や土木の実務の中で専門性を磨き、土や木々と日常的に関わってきましたが、環境そのものの健康具合を左右する土中の環境に目を向けたのは30歳代に入ってからのことでした。

当時、裏山を背負った現場での住宅開発の際、宅地造成許可基準をクリアするため、やむを得ず、それまで自然環境として安定していた急傾斜の崖を削って、コンクリートを練り積み、擁壁を築きました。

無事、開発行為許可も通過し、建築・造園工事を終えましたが、その後、裏山はみるみる荒れていきました。

以前にはほとんどなかったはずのクズなどのツル性植物や、イネ科やバラ科の荒れ地に生える雑草ばかりが繁茂するヤブ状態になり、植生は荒れ果て、地表は乾燥し、以前のしっとりした山肌の心地良さは見る影もなく消えてしまったのです。

今思えば、それは土木建設工事による水脈の遮断と、それに伴う土中の水と空気の流れの停滞が招く、土中環境の変化の表れであることは明らかなのですが……。しかし当時はそこに思い至ることはありませんでした。

２年ほど経ったある日、突然、擁壁の上のケヤキの大木が根こそぎ倒れたと連絡を受けました。それは裏山の環境を守ってきた樹齢１００年ほどの大木でした。長年の環境の変化に適応しながら生き抜いてきた大木がなぜ突然倒れたのでしょうか。根の状態を見ると、あれほどの大木にもかかわらず、地下1・５ｍ程度より下の根は枯渇し、消え果てていました。

根が張り付いていた岩盤が水脈の停滞によって乾き、岩盤の亀裂に伸ばしていた無数の細かな根が枯れてしまい、大木はその急激な環境変化に対応できずに剥がれ落ちるように倒れたのでした。

この事態を目の当たりにして私は、これまで人にも環境にも健康な場をつくろうとしてきたのに、実は周辺の環境を傷めてしまっていた、という事実に気づいたのです。

同時に、環境は土中でつながっているという、当たり前の事実に気づかされた瞬間でもありました。

忘れられていた智慧＝かつての土木造作《どぼくぞうさ》

その後、全国の土砂災害跡地や水害が発生した流域環境、荒廃した森林環境などを意識して見て回り、土中の環境に深く意識を向けるようになりました。

山々を歩き、地域を旅して回る中、道路一本ダム一つ、トンネル一本といった現代の土木建設による構造物が土中の環境を変えていき、広範囲の環境を壊してしまうという実態を目の当たりにした私は、

「その土地に暮らす人々にとって安全で豊かな環境を保つためには、見えない土の中から健康な状態を保たねばならない」

そのことに気づき、荒廃した環境の再生に取り組みながら、それまで造園や土木実務の中で行ってきた、すべての技術、知識、先入観を徹底的に見直していきました。

その中で新たな気づきがありました。それは、先人がコツコツと積み上げてきたかつての土木造作《どぼくぞうさ》の中には、現代にはほとんど顧みられなくなってしまった大切な智慧が、実にたくさんあるということです。

現代の建設土木は、崩れることで地形を変えて安定しようとする自然の働きを許容することなく、より大きな重量と力で押さえ込もうとする構造力学的な発想を中心に対処しようとします。

その結果、悲しい哉、人間の独り相撲のような力比べの果てに、自然環境はますます荒廃し、豊かさを失っています。

一方、大きな機械力のない時代のかつての土木造作では、地形自らが安定していくように仕向ける工夫がなされていました。

それは、土中環境を健康に保つことで、無理に押さえ込むのではなく自然の作用で自ずと安定していくよ

うな配慮と造作でした。

先人が大切に守り伝えてきてくれた国土と自然環境。それを徹底的に傷めてしまった結果、健康な大地本来の浄化機能、貯水機能などの大切な働きを失った土地の広域化は、歯止めがききません。

そんな深刻な状況に、現代を生きる私たちは直面しています。

だからこそ、土中の環境から自然界全体を健康にしていく。そんな視点と技術を再び見直すことが、とても重要で不可欠なことになるのです。

北アルプス山中の健康なブナ林（2005年）

02 森林の状態と土中環境の相関性

人はどのような環境に「美しいな、心地良いな……」と感じるものでしょうか。それは草木から動物、微生物に至る多種多様な生物が、動的な平衡状態を保ちながら共存しうる、いわば「健康な環境」に対して、心地良さを感じとるからでしょう。

良い森はすべてが循環し調和する

良い森の条件としては、主に次のような状態が挙げられます。

●植物種が多様なだけでなく、樹木の世代バラエティ（幼木、若木、成木）が多様化して混在する。
●樹冠（森の最上部の枝葉層）が高層化して枝葉が上空を塞ぎ、その下の林内での樹種や枝葉配置の階層構造が発達する。
●林内空間は密集し過ぎず、木々の枝葉越しに林内を見通せる、見通しの良い空間が保たれる。
●日照は緩和され、なおかつ適度な光が点々と細かく林床（森林の地表部分）まで差し込む。
●風が滞りなく穏やかに流れ、夏は涼しく冬は暖かく、湿度も適度に保たれる。

健全な環境では、草木や菌類を含む微生物、動物も多種共存し、すべてが滞りなく循環する調和した状態が、動的かつ恒常的に維持されます。

そのような健全な環境を、われわれ人間は「美しい」、「尊い」と感じ、優しい心持ちになるのです。それはきっと人間が持つ、生き物の一員としての本能なのではないかと思います。

一方で、遠目には緑に覆われていながらも、荒廃して心地良いとはだれも思わない、そんな環境も最近とても増えてきています。

それは「ヤブ（藪）」と言われます。（**図版1-1**）

森林植生の多様化が失われ、高木から衰退して矮小化し、植物同士の階層状の住み分けも崩壊してしまい、見通しや風通しの悪い状態と化す。それがヤブとなった土地の状態です。

そこは空気の流れも悪く、森林特有の心地良さも、清浄な空気も感じられず、温度湿度の変化も激しいため、人間のみならず多くの生き物にとって住みにくい環境です。

健康な森林が荒廃してヤブになるには、さまざまなことが起因して、植生劣化のプロセスをたどります。多くは数年、長くとも十数年という短期間で、森林の階層が崩壊してヤブ状態へと変貌します。

土中の観察から見えてくるヤブ化のプロセス

「里山が荒れてヤブになるのは、人が山に入らず管理しなくなったから」とよく言われますが、それなのに、一方で同じく放置されていてもヤブにならないところがあるのはなぜでしょうか。

その理由を土壌の状態や土中の環境から観察していくと、われわれが目にしている森林の状態は、実は、植物根の状態、土中の通気性、浸透性の反映であることが見えてきます。

図版1-2は、健康な森林における地下部分の断面イメージです。

多種共存の森では、木々が空間を階層状に分け合い共存するのと同様に、土中においても、樹木の根がそれぞれ深い位置から浅い位置までまんべんなく張り巡らせ、共生しています。

根の深い樹種（深根性樹種）は土中の深部に根を到達させて、土中の水分や母岩由来のミネラルなどを吸い上げ、それを自分で吸収する以上に土中を涵養していきます。

深い位置にまでバランス良く根が到達して水や養分が円滑に土中を潤すためには、土中深くまで水と空気が円滑に動いて染み渡るだけの、多彩な土壌空隙が必要になります。

一方で、荒廃してヤブ化した環境における地下部においては、地表ごく浅い位置で草木の根が競合し、その中で深い根を必要とする樹木などの淘汰が起こり、植物種が減少していきます（**図版1-3**）。その状態は大地が呼吸不全に陥っていると言っても過言ではありません。

こうした状態では、地表浅い位置にのみ根が集中し、表層浅い位置にマット状に根が絡んだ層をつくり、雨水もそのマットを伝うように流れ、雨の度にその境目で土中滞水が生じます。それが地中で上下するはずの水と空気の流れを妨げ、土中の生き物たちの呼吸を阻害し、土壌の構造を壊して、深層の土層を硬化させてしまうのです。

根は呼吸しているため、水と空気が円滑に供給される環境でしか生きていけず、温度や湿度変化の激しい環境では健康を保つことはできません。

こうした土中環境においては、水を貯えることのできる土壌層は薄く、雨水が深部まで染み込まずに表層土中に停滞します。その滞水が表層と深層との水と空気の動きを分断して、深部への浸透も、深部からの水分供給も妨げ、乾燥と滞水を繰り返すという植物根にとっても菌類微生物にとっても過酷な環境をつくってしまうのです。

するとそこでは植物根同士の共生関係が崩れ、水や養分の奪い合いが始まり、植物種が減少していきます。同時に、地上部分でも植物がぶつかり合い、スペースを分け合うことなくつぶし合うという、不毛な競合が生じるのです。それが、ヤブ化＝森林の荒廃です。

森や林の状態の違いとその理由は、見えにくい土中環境に視点を向けることで、初めて本質的なことが見えてくるのです。

図版1-1：「ヤブ化」した状態は一見緑に覆われているが心地良い環境とは言えない

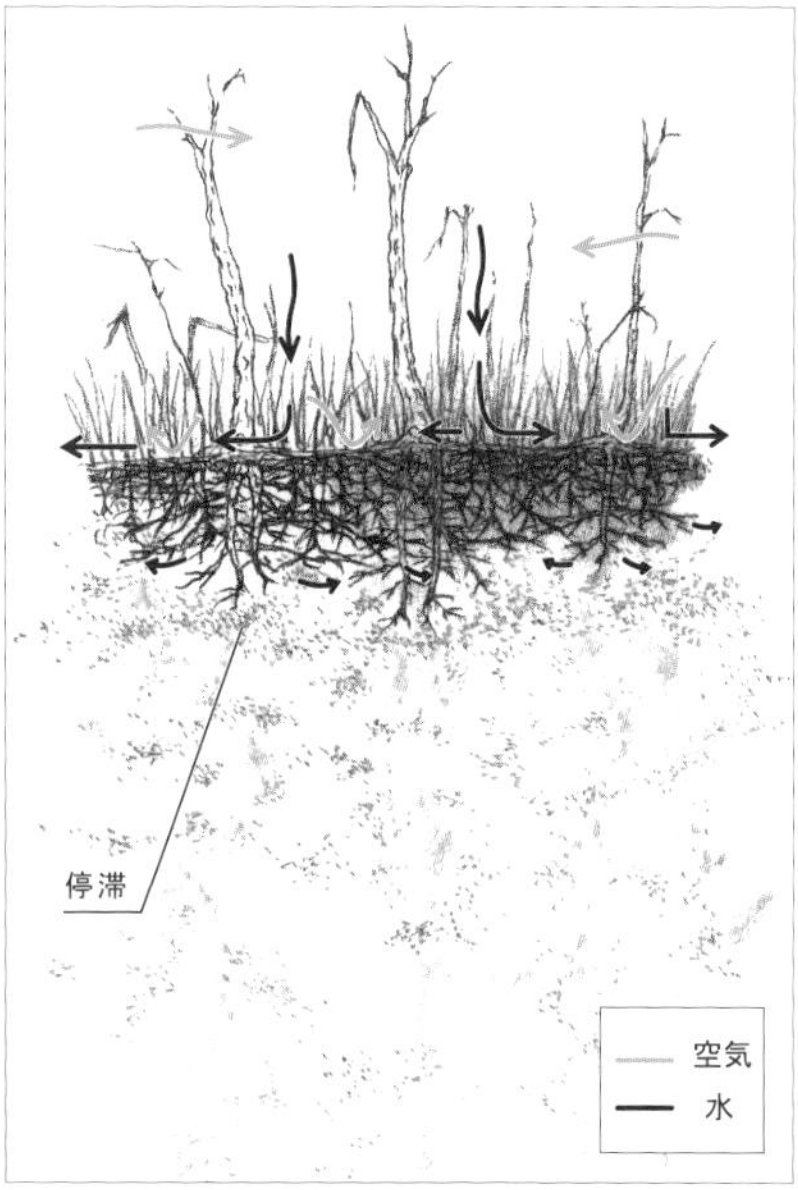

図版1-3：ヤブ化した環境のイメージ断面図

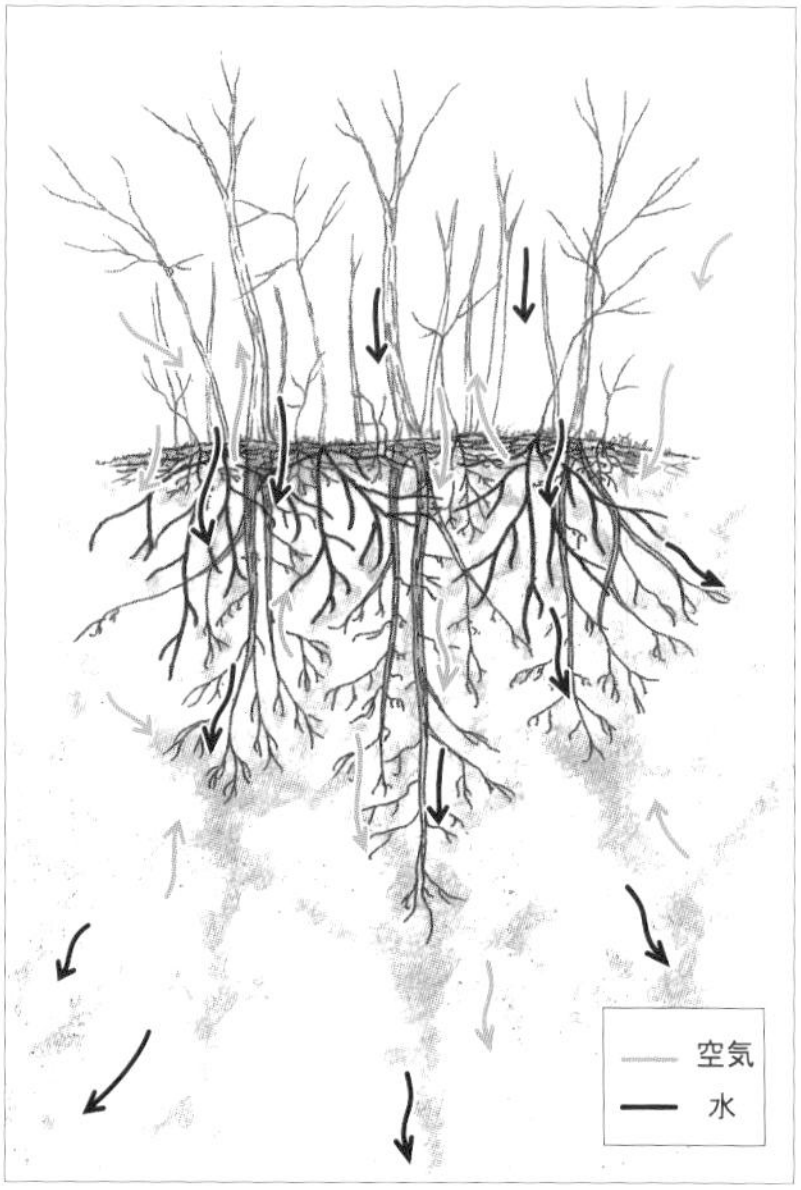

図版1-2：健全な環境のイメージ断面図

03
土壌の構造と土中菌糸と樹木との共生

ここでは、良い森が成立するために欠かせない条件である、水と空気が円滑に循環する土壌の構造がどのように保たれ、そして壊れていくのかを見ていきたいと思います。

団粒構造の発達した土壌

健全な土中環境においては、降り注いだ雨が円滑に染み込み、ゆっくりと土中を流れます。そしてその水は、土の中だけを流れるのではなく、まるで息継ぎするかのように、地上に湧き出してはまた土中に潜り込むという行き来を繰り返します。その水の動きに連動して、空気も押し出されたり引き込まれたりしながら土中を動いています。そのラインを「通気浸透水脈」と言います。**（36頁に詳述）**

この水と空気の良好な流れ＝通気浸透水脈が、生態系の多様性と豊かさを生み出しているのです。

土中の水と空気が健全で滞りなく動く時、土壌は多孔質な状態へと育っていきます。この多孔質な土壌構造を「団粒構造」、そして団粒構造を有する土壌を通称「団粒土壌」と言います。

団粒土壌は、軽くて水はけが良く、なおかつしっとりとしていて適度な水分を含みます。そして握るとスポンジのように縮み、手を開くと冷んやりとした感触とともに、手に水分が残ります。**（図版1-4）**

こうした多孔質な土壌は、温度や湿度変化も穏やかで、恒常性を保ちやすく、その土壌環境は、微細な菌類や微生物たちの成育環境として最適な環境と言えま

図版1-4：さまざまな生き物が生息できる団粒構造の発達した土壌

す。

一方、こうした多孔質構造が保たれずに崩壊した状態を「細粒構造」と言います。その土は重くて硬く、握っても縮みません。指で押すと、パチンと潰れて細かな粒子になります（**図版1-5**）。

多孔質な土壌構造が単なる粒子の塊になったのが「細粒土壌」です。温度変化が激しく水はけも悪く、乾燥と過湿を繰り返すという、多くの土中生物にとっても住みにくい環境となります。こうした土の状態においてはバランスの取れた生物の循環は生じにくく、多種共存の健康な環境は成立し得ないのです。

図版1-6は団粒土壌の模式図です。われわれが目にする土壌団粒は250㎛から1㎜程度の粒状の構造で、これを「マクロ団粒」と言います。これは肉眼で見ることができますが、マクロ団粒もまた、ミクロ団粒という、より小さな団粒構造の集合体であって、そのミクロ団粒の構造もまた多彩な空隙でかたちづくられています。

空隙の形や大きさも一つとして同じものはなく、無限のポケットを有し、そこにウイルスから細菌、藻類などの微生物や小動物など、さまざまな大きさのいのちが共存する土壌環境を形成します。

この多孔質な団粒土壌はまるで細胞組織のようです。もともと動植物の細胞が循環して土になるのですから、それも当然のことなのです。土が再び息づき、細胞だった時の形状記憶を取り戻した姿が、団粒土壌と言えるのかもしれません。

水の3種類の働きが生む好循環

土中の水と空気の動きの良い環境では、団粒構造は土中深部にまで発達していきます。そして、ますます通気性も透水性も貯水性も増し、生き物環境としてより豊かな環境へと育っていきます。

健康な団粒土壌では、水は主に、以下の3種類の動き方をします。（**図版1-7**）

重力水：水の重さによって上から下へと動く、これを重力水と言います。重力水は、大きな空隙、つまりはマクロ団粒の間を通過し、新鮮な空気とともに土中を血管のように流れます。

毛管水：水の表面張力によって、やや小さな空隙に吸い寄せられてとどまり、毛細管現象によって動く水を毛管水と言います。毛管水は樹木根の吸い上げや地表からの蒸発に引っ張られて、上へ横へと、細かな土壌空隙を自在に動き、土中全体をしっとりと潤していきます。樹木が水を吸い上げる時、主にこの毛管水が吸収されます。

結合水：より小さな空隙において、分子レベルでの結合状態でとどまる水、これを結合水（化学的結合水）と言います。これは容易に引きはがすことができないため、常に一定量の水は結合水の形で土壌団粒の内部に保たれます。

このように団粒土壌においては、さまざまな水の動きに伴う多彩な環境が保たれます。それゆえ、嫌気性の生物も好気性の生物も共存できる、多様で豊かな生

図版1-5：重くて硬く、水はけも悪い細粒土壌

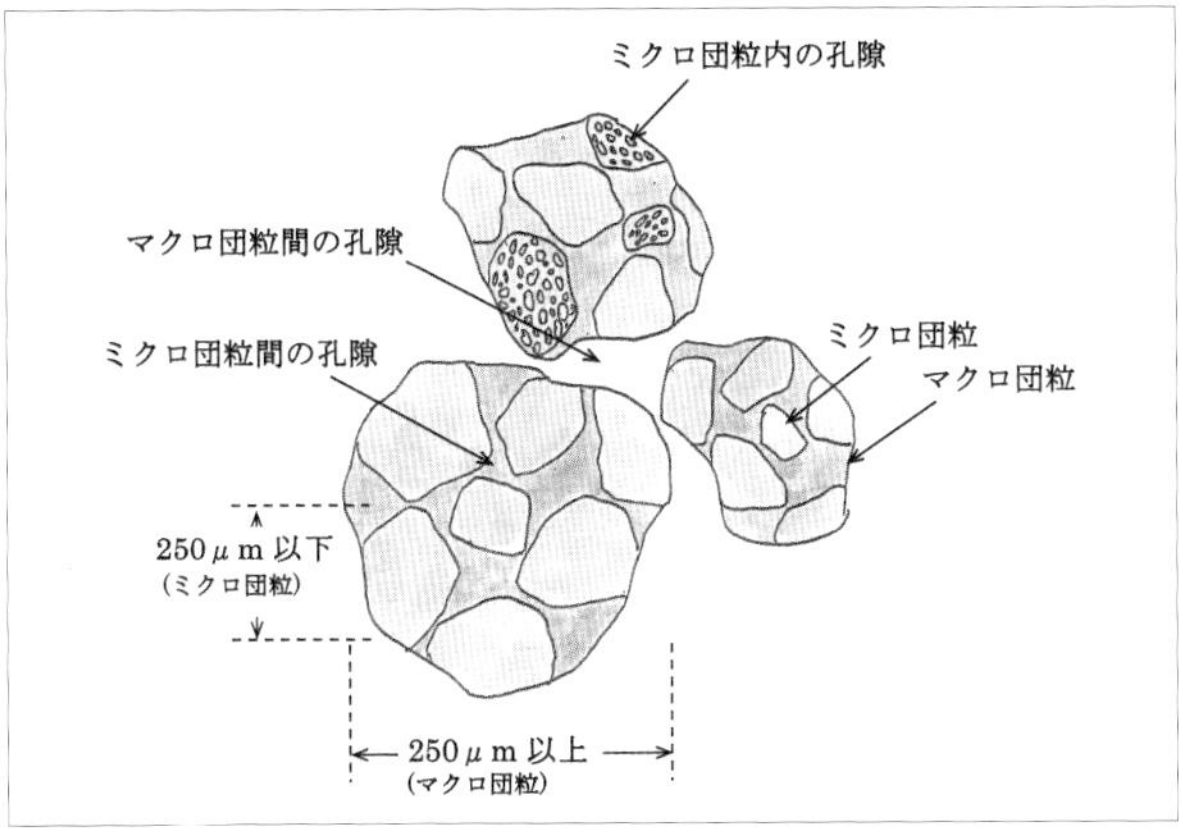

図版1-6：団粒土壌の模式図

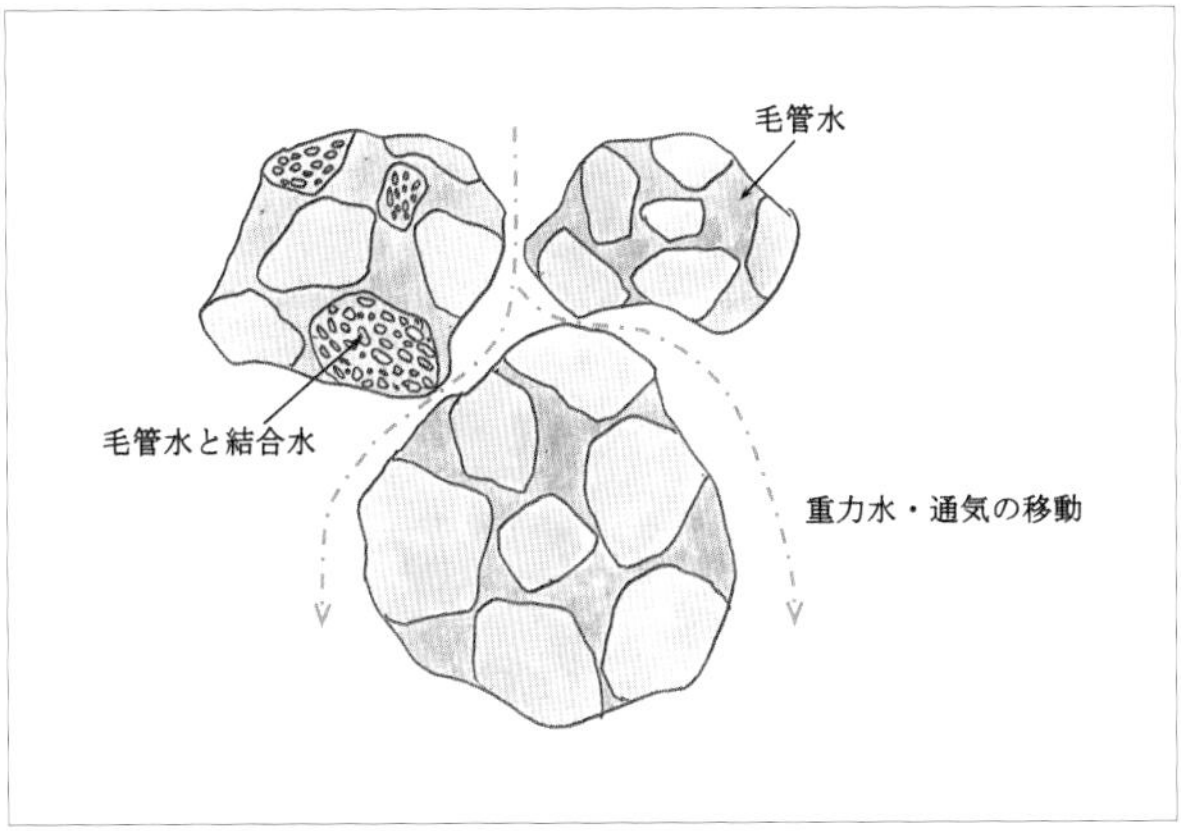

図版1-7：団粒土壌の中での水の動きイメージ図

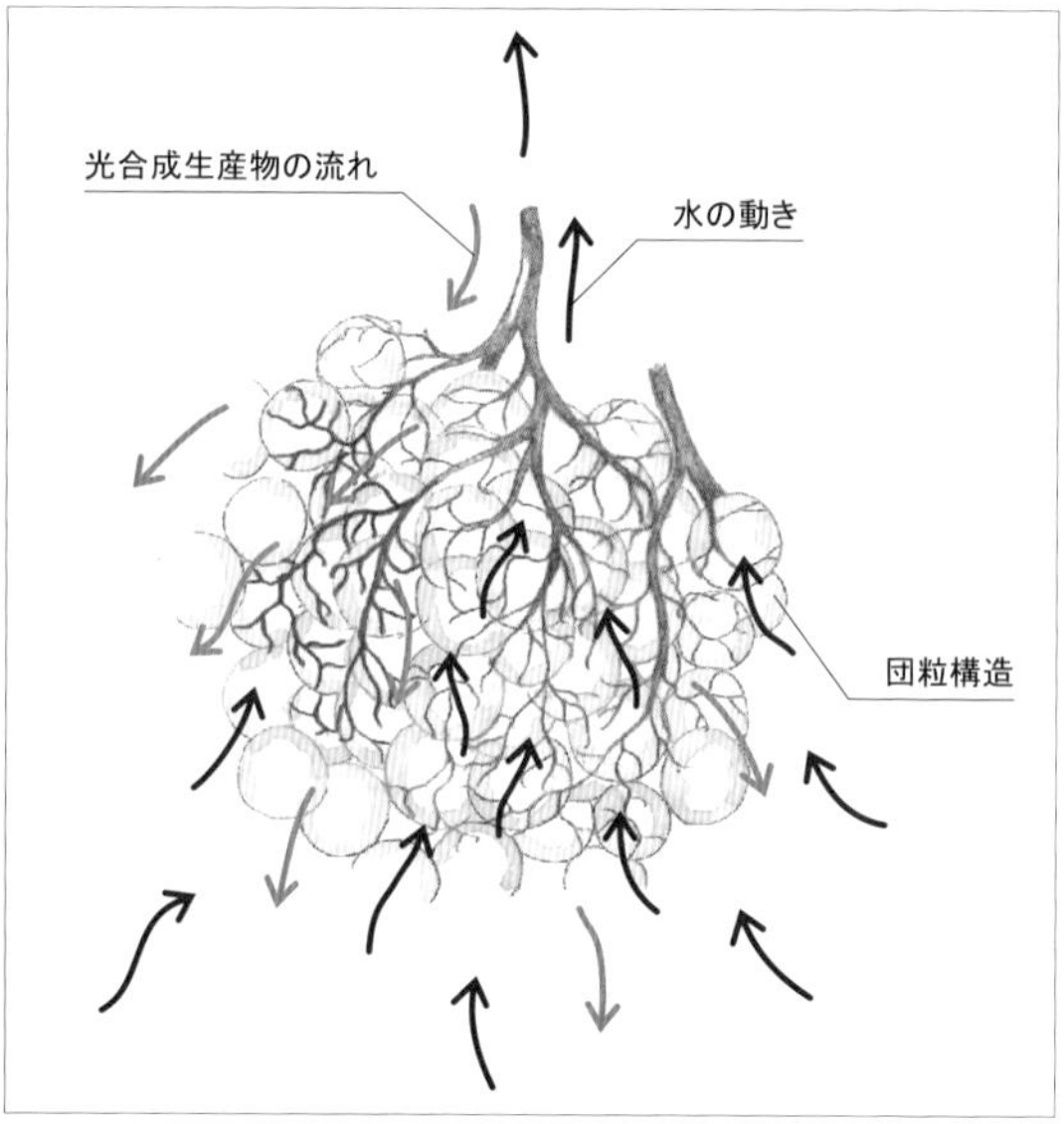

図版1-8：団粒土壌における水と光合成生産物の健全な流れ

物環境が実現されるのです。

木々が水を吸い上げる際、土壌の団粒構造が土中深くまで保たれていれば、適度な空隙において毛細管現象が起こり、水が土中深い位置から上部へと上がっていきます。（**図版1-8**）

このように木々の根の浸透圧によって土中深くから吸い上げられた水のうち、実際に根から樹体へ吸収される量はほんの一部でしかなく、多くは毛細管現象によって土中全体を潤します。それが土中の生物環境全体を豊かに涵養し、多種多様な生き物が共存できる健全な土中環境を深部へと広げていくのです。

団粒構造が保たれ、全体が潤った土壌では、木々は深くまで根を伸ばすことができ、健康な森はますます豊かに育っていくという好循環が起こるのです。

団粒構造を保つ菌糸の働き

団粒土壌の空隙を保つための糊のような働きをしているのが、土中の菌糸です。（**図版1-9**）

菌糸は、菌類バクテリアの集合体であって、これが健康な土中に網の目のように張り巡らされます。また菌糸は落ち葉などあらゆる有機物の分解過程で生じ、多種の菌類やバクテリアによる代謝の連鎖によって、あらゆる有機物を土に還していきます。有機物が土に還る過程でその養分の吸収、分解を通し、菌類などの微生物から始まる新たないのちが誕生し、そして多様な生死の循環がそこから連鎖していくのです。

多彩な菌類やバクテリアは集合体として菌糸でつながり、それが一つの生命体のようにふるまうために、その集合体を「菌糸群」と呼称することもできると考えます。それは土塊の空隙や亀裂に白く膜を張ったように見え、粘性をもって土壌団粒を捕捉し、土中の空隙を保ちます。そして土中の空間に毛細血管のように糸状に増殖します。（**図版1-10**）

この菌糸群が、土中でのいのちの循環において決定的に大切な役割を担います。その役割とは、土壌中の生物循環の養分、水、情報の伝達といった、大地全体の生命維持に欠かせない働きです。だからこそ、まるで神経組織のような糸状の形状が不可欠なのです。

菌糸群によって保たれる土壌粒子間の空隙により、土中の生物活動の限りない連鎖・循環が育まれ、多種共存の平衡状態が保たれます。

そして、この菌糸群は健康な植物の根の先端部分に着生（感染）します。これが「菌根菌」と呼ばれるものです。（**図版1-11**）

菌根菌は特定の菌ではなく、本当の姿は多彩な菌類やバクテリアの集合体（＝菌糸群）として存在します。この共生する菌根菌の仲立ちによって、木々は土中から水分の他にも、生存に必要なさまざまな微量元素や養分を取り込んでいきます。

同時に木々は、菌根菌から一方的に水や養分を得るのではなく、光合成生産物の余剰分や、不要となった老廃物を根から放出し、それがまた菌根菌を育てるという、樹木と菌糸との共存関係を形成します。

この菌根菌の役割は、人体における腸内フローラとまさに相似形と言えます。

腸内に住み着く膨大な数のバクテリアの働きによる代謝生成物というかたちで、われわれは水や養分を腸から吸収しています。樹木と菌根菌との関係はまさに、人体と腸内フローラとの関係と同様で、人も木々も、多彩な菌類やバクテリアとの連携の中で生かされていると言ってよいでしょう。

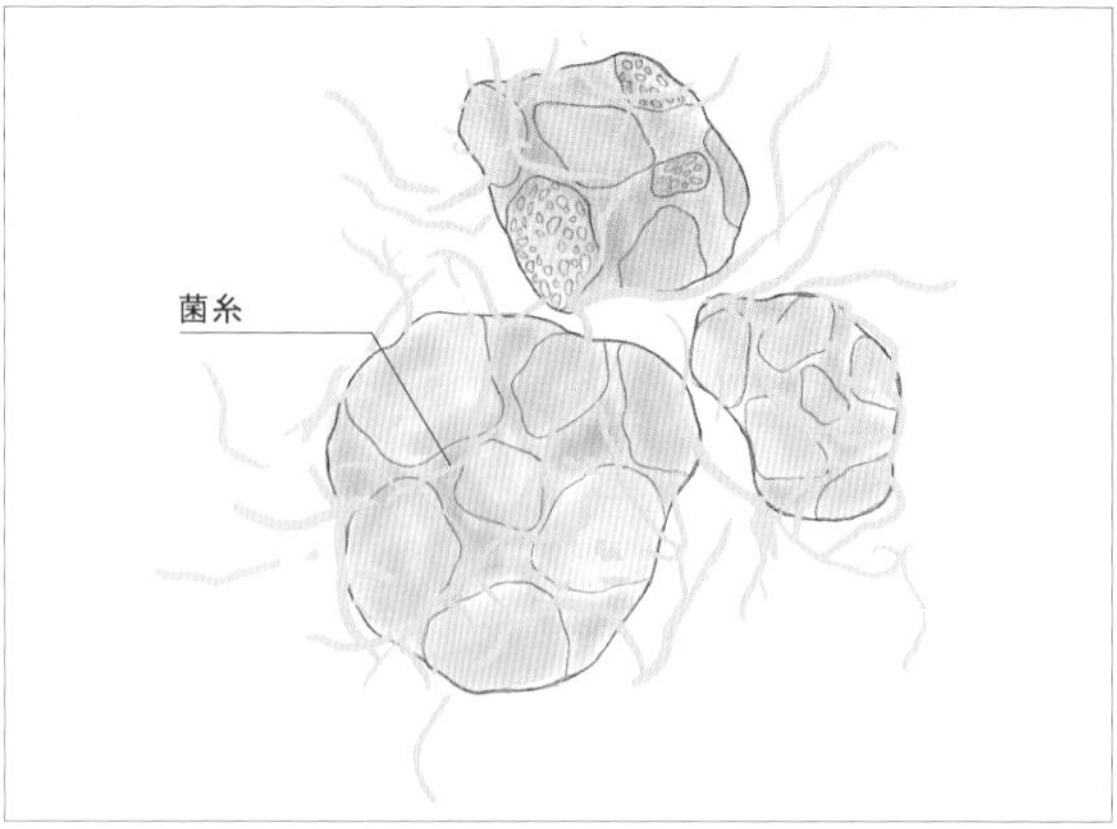

図版 1-9：団粒土壌に張り巡らされた土中の菌糸イメージ図

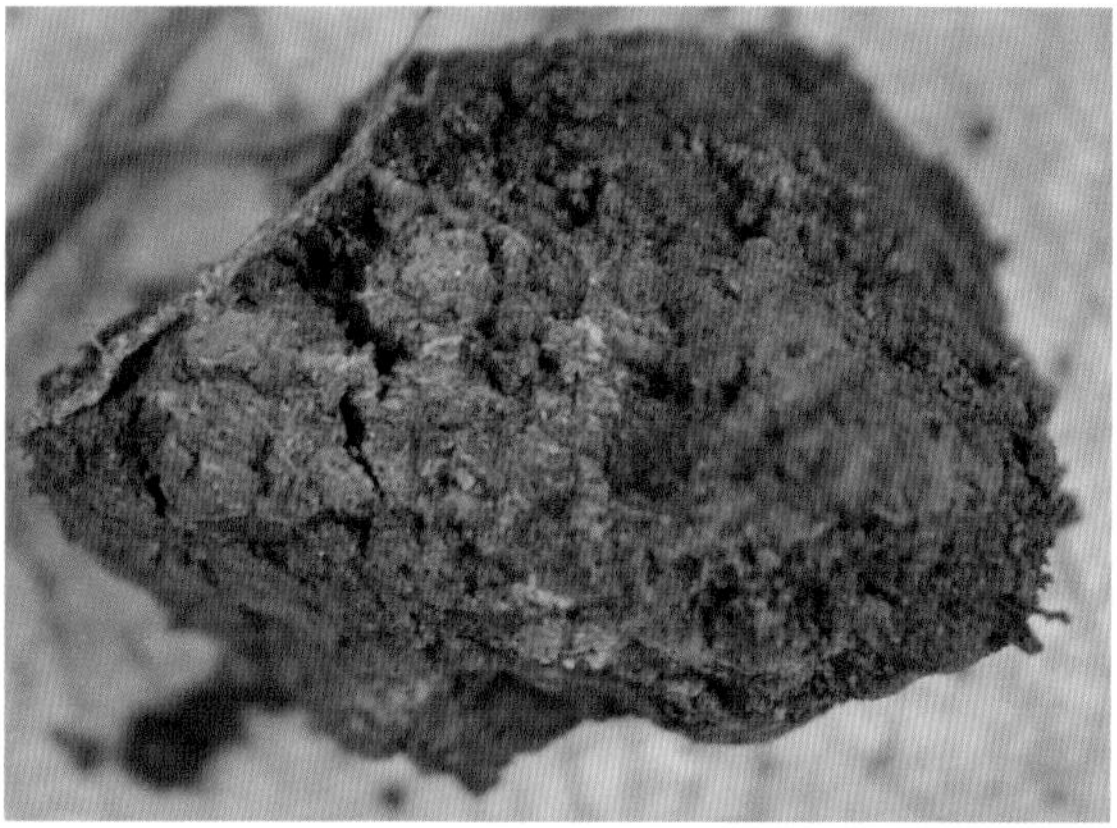

図版 1-10：土塊の空隙や亀裂に白く膜を張ったように見える菌糸群

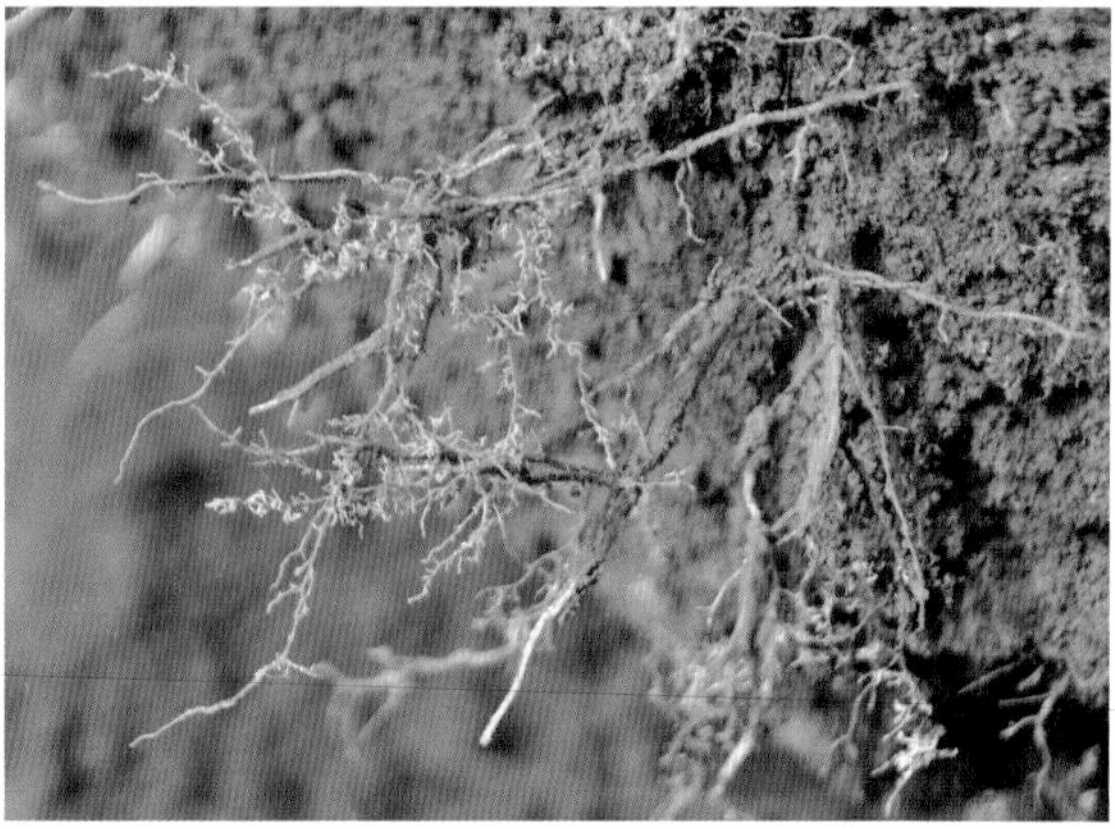

図版 1-11：菌根菌が付着した細根の先端部分

04
健全な土壌構造の崩壊が引き起こす林床の荒廃

土中に菌糸が張り巡らされることで土壌の団粒構造が壊れることなく保たれ、保水性、透水性、通気性共に高く安定した、生き物が生育しやすい土中環境がつくられます。この状態が保たれることで、多種共存の生物バランスが生まれ、すべてが代謝の連鎖の中でさまざまないのちを養い、循環する生態系のバランスが持続されます。（**図版1-12**）

しかし、環境変化などによって、土中の水と空気の流れに停滞が生じると、水分状態のムラが生じ、土中の菌糸は衰退し、やがて消えてしまいます。菌糸が消えると土壌の団粒構造は保たれず、土の重量で圧密されて、保水性も透水性も乏しい重たい土＝細粒土に変わってしまいます。

これらの仕組みについては詳しく述べてきました。ここでは細粒土壌に変化した土壌が引き起こす林床の荒廃がどのようなものかを解説します。

グライ化する土壌とは

圧密された土中では、ますます水と空気が停滞し、場所によっては「グライ化」と呼ばれる土壌の還元作用（土壌中の水の停滞などに起因する酸素不足によって生じる化学変化）が起こります。このグライ化した層の形成がさらに、土中の通気透水性を遮断するという悪循環が生じます。（**図版1-13**）

土壌が圧迫されてしまった細粒土には、一部の菌類やバクテリアしか生育できる空間がなく、嫌気的な環境下でますます菌類などの微生物の多様性が失われます。多様性を失った環境は、有機物の分解に必要な、健全な代謝の連鎖が途切れてしまい、分解されない有機物が老廃物として土中に残留します。それが嫌気的な環境下で酸化や腐敗を起こして、土中環境をますます不健全にしていくのです。

松枯れ、ナラ枯れの本当の理由

図版1-14は、秩父多摩甲斐国立公園内における森林崩壊箇所です。

土がむき出しになって硬化し、雨水は浸透せずに雨の度に表層を削り、斜面崩壊を起こしている箇所もあります。この山域は以前より松枯れが指摘されてきましたが、実際には松ばかりでなく、松の下層に共生していた広葉樹群や低木下草に至るまで衰退・枯死が進行していきます。

この事実からも、現在日本全国で広範囲に見られる松枯れ、ナラ枯れなどの高木枯れは、病気や虫が特定の樹種のみを侵すのではなく、土中環境悪化によるバランス崩壊の結果であることが、現場の観察から見えてきます。

地上と地下とで連動する水空気の流れが停滞すると、落ち葉は地表で絡むことなく舞い散り、地表が露出していきます。そうなると林床は直射日光や風雨にさらされることになり、激しく変化する地表の温度や湿度により菌糸は後退、土壌が細粒化し、土中にますます水が浸透しにくい状態になってしまうのです。

今、全国各地の森林に見られる、松枯れ、ナラ枯れの問題や森林の低層化、ヤブ化、植物多様性の喪失の根本的な原因は、土中環境の劣化がその一因となっていることは明らかに感じられます。

土中の環境は水脈でつながっているため、道路やダム、トンネル、擁壁などさまざまな建造物の建設に伴って通気浸透水脈に分断が生じ、環境は見えない土中から、人知れず変貌していきます。

そのため環境劣化の原因と対策を検討する際には、目に見える地上部の状態だけでなく、地上部の状態を反映する土中の健康具合を広範囲に見ていく必要があ

図版1-12：団粒構造が保たれ保水性、透水性、通気性が安定している土壌

図版1-13：圧密され、水と空気が停滞した土中で発生するグライ化

図版1-14：秩父多摩甲斐国立公園内の森林崩壊箇所

ります。

大地の皮膚の役割を果たす腐植層

空気や水が地上と地下とを行き来するような健康な森の環境では、落ち葉や落枝《リター》は絡み合ってふんわりとした状態で固定されるため、風雨でもなかなか飛散しなくなります。そこにすぐ菌糸が絡んで落ち葉を分解し始め、それら分解途中の落ち葉と菌糸、細根の絡んだ状態の層が数十㎝程度の厚さで林床を覆うため、地表はむき出しにならずに守られます。この層を「腐植層」と呼びます。

菌糸や細根の最も充実した部分がこの腐植層です。腐植層が雨撃（雨粒による地表への打撃）を遮り、表土の流亡・崩壊を防ぎ、土中に円滑に水を浸透させて貯水し、菌糸や微生物のフィルターを通して水を浄化、活性化し、土中の生き物環境を健康で豊かに養います。**（図版1-15・1-16）**

腐植層の働きを人間の身体に照らし合わせてみると、それは外界の変化から内部を守る皮膚のようなものと言えるでしょう。「大地の皮膚」とも言えるのがこの腐植層なのです。

ここ数十年、全国各地でこの腐植層の急速な消失が報告されています。その消失のスピードは今、さらに加速しているように感じます。それは、国土全体で進行する森林の劣化、高木枯れにとどまらず、毎年広域化する水害・土砂崩壊といった災害の急増とも連動していきます。

図版1-15：空気や水が地上と地下を行き来する健康な森の状態。ここ数十年で、全国各地の森からこのような環境が急速に失われつつある

図版1-16：健康な森の中では落ち葉や落枝は絡み合ってふんわりと固定され、菌糸が絡まって落ち葉などを分解し始める。この層を腐植層という

図版1-17：いのちあるものはすべて土に還り、また新たないのちが生まれるという循環のサイクルが続く

05 土中の階層構造と通気浸透水脈

現代科学が見落とした視点

ここまでは、ミクロな土壌粒子における水と空気の動きにを中心にお話ししてきましたが、ここではマクロな視点で、土中環境がどのように育っていくのか、そこでどんな作用が起こっているのかについて説明していきます。

土壌は生命の営みの総体

健康な土壌は、すべてのいのちの源であり、母体でもあります。いのちあるすべてのものは土に還り、そしてまた新たないのちがそこから生まれるという、生と死の循環と再生が絶え間なく続きます（**図版1-17**）。土の世界もいのちの総体として見ていかねばなりません。

現代の科学における土の研究においては、専門分野ごとに分断され、それぞれ別個に研究・分析されています。例えば、土壌の化学的性質においては、土壌化学や生化学が、物理的性質については土壌物理学が、そして土壌微生物の生態については微生物学が研究対象とするといった具合です。

こうした分野ごとに細分化して分析する手法では、土壌について本質的で総体的な解明や理解に達しないのではないでしょうか。

いのちは地球上のすべての存在が連鎖し、互いが互いの存在の要因となり、自然の法則に従って連なり、精妙な秩序をもって営まれます。どれほど科学的な分析手法が進歩しても、またどれほど人が精妙に元素を組み合わせてみても、決してつくれないのが、「生命」です。

生命は、工業製品のように部品ごとに分解して組み立てなおせば元に戻るというものではありません。分解し始めた途端、瞬時に生命は消え去り、決して元には戻せません。

そんな生命の営みを本質的に理解するためには、自然の摂理、自然が行う秩序を体感として〝感じる〟ことが大切です。その上で、生死の循環を総体的に見ていくような哲学的な視点も必要になります。

土壌を考える際も、単に物質として土壌の性質を見るだけでなく、生命の営みの総体、あるいはそのものとして見ていかなければなりません。

5層で構成される健康な森林の土中構造

図版1-18は、健康な森林をモデルとした土中の階層構造図です。植物相の充実に伴い、土壌の階層状の構造

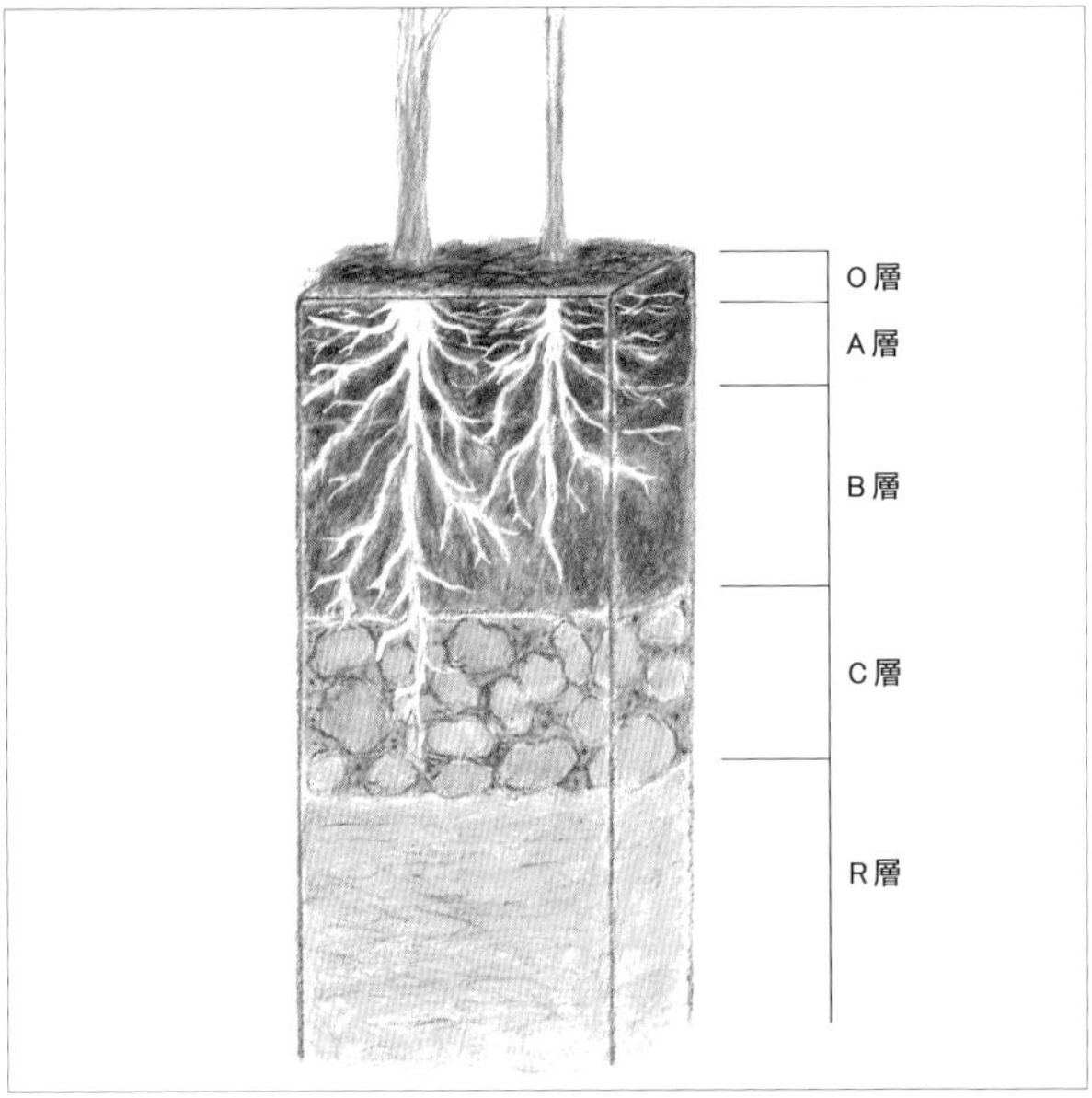

図版1-18：健康な森林をモデルとした土中の階層構造図

が深部まで発達していきます。

O層：落ち葉や小枝などが積もった層。この層が布団のように、表層土壌環境を乾湿の変化や雨撃から守る働きを担います。

A層：分解途中の落ち葉と菌糸と植物根とが混ざった腐植層（A0層）と、腐植が分解されて団粒構造の発達した黒く柔らかな土層（A1～2層）とを含みます。土中における生命活動が最も豊かに展開し、樹木の細根も最も多く張り巡らされます。

B層：腐植は少ないながらも、有機物の土壌化作用の影響も受けて褐色を帯びます。土壌粒子が比較的詰まった塊状態の連続、集合体となります。団粒構造の発達は、土塊の亀裂などの水と空気が通る通気浸透水脈のラインとその周辺を中心に見られ、根もそのラインを伝って伸びていきます。

C層：土の母材となる母岩に樹木根が達して、土が形成されるその途中の層。根の進入とそれに伴う菌糸の働きによって母岩が溶けて土が生成され、その営みが主に展開される層。

図版1-19：青木ヶ原樹海の東側入り口に位置する「鳴沢氷穴」（山梨・鳴沢村）。夏でも摂氏零度前後の冷気に満たされる

R層：深部にあって生物的な土壌化作用はほとんど受けていないものの、地殻変動や断層の動きに伴う隆起、褶曲に伴って岩盤の亀裂や空隙が生じ、それが地下数千m、延長数千㎞にも及び、地下深く水と空気の流れをつくります。このことは風穴や氷穴を想像すると理解しやすいでしょう。

地球レベルの深部での動きは、たとえ地下の空隙が局所的に塞がれようとも、地殻や断層の動きにより、いずれまた新たな形で再生されます。列島レベルで連なるこの空洞では、各所の温度差、気圧の差を受けて活発に空気が動き、地表からは考えられない低温が季節に関係なく保たれるという場所すら生じるのです。（**図版1-19**）

実はこの深部での活発な空気の動きが、C層から上でのいのちの営みを支えているのです。

大地の血管＝通気浸透水脈

図版1-20は、森林の表層土壌において形成される表層の水脈ラインのイメージです。

水脈というと、土の中を水が流れているように聞こえますが、実際に流れているのは水だけでなく、水に押し出されるように空気も動いています。つまり、土中で水と空気が動くラインをつくる。これが水脈の働きであり、「通気浸透水脈」と言います。

通気浸透水脈は、表層土層であるO層からA層においては毛細血管のように張り巡らされ、深部へと浸透するにつれて、太いラインに集約されていきます。

これは当然、パイプのような閉鎖した管ではなく、じわじわと周辺土壌との水や物質の交換を行いながら大地を循環します。通気浸透水脈は、大地を息づいた状態に保つ上で必要不可欠な、いわば大地の血管です。これが滞らずに巡ることで、いのちの循環の源である健全な土壌環境となります。

通気浸透水脈を形成するために不可欠なのが、木々の根と菌糸の共同作業です。

菌糸が土中に張り巡らされて、空隙をつくり、そこに根が進入し、やがてC層に達します。この時、深部においても菌糸は水脈ライン沿いに集中して伸長し、樹木根との連動によって、土中深く空気や水を動かしていきます。

C層の母岩は、菌糸と根の働きによってゆっくりと溶けて、生命活動に不可欠なミネラルを放出しながら、さらに深部へと土壌化が進みます。

放出されたミネラルは水に溶け、通気浸透水脈を通して上部へと移動し、それが土壌表層部に集中する土壌生命活動を支えるのです。

土の世界は、これを一連の動きとして全体で見なければなりません。

図版1-20：森林の表層土壌で形成される水脈ラインのイメージ図

06
生死の循環を司る菌糸の神秘

ここまでマクロな視点で見てきた土中環境を踏まえ、ここでは土中で起こっているさまざまな現象を、菌糸に着目して見ていきたいと思います。

腐植層の後退が招く森林劣化

図版1-21は健康な森の林床を覆う落ち葉層（O層）です。この落ち葉層の下に、腐植層（A０層）が続きます。腐植層とは、分解途中の落ち葉と樹木根、菌糸が絡んだスポンジ状の表層を示します。その上の落ち葉層は、林床の環境を乾燥や日差し、雨撃などから守るための大切な布団の役目を担います。

林床の落ち葉は大地全体が健全に呼吸することで絡み合い、風にも飛散せず、ふんわりとした掛け布団のような状態を保っています。

さらにその下の腐植層では、どんぐりなどの植物の種が、柔らかなクッションのような腐植の上で目覚め、根を張り、芽吹きます。また樹木根は腐植に絡み、菌糸を介して必要な養分を得て、静謐な環境の中ですくすくと育ち、健康な森を形成していきます。（**図版1-22・1-23**）

先述のとおり、腐植層が急速に消滅していることが報告されていますが、それが、昨今問題となっている広範囲の高木枯れや水害・土砂災害に直結すると考えられます。

腐植層の消失により林床が乾燥・硬化することで、土中からの毛細管現象によってつながっていた水の動きが地表面で途絶え、ここで水と空気の動きが寸断されます。それによって地表での縦方向の空気の動きが

図版1-21：林床を乾燥や雨撃から守る布団のような役割を果たす落ち葉層

図版1-23：有機物の分解過程で発生する白い糸状の菌糸群

図版1-22：腐植層でどんぐりなどの植物の種が根を張っている様子

途絶えると、落ち葉は絡み合わずに飛散してしまい、地面がむき出しになります。そうなるとさらに表土は硬化して水は大地に染み込むことなく泥水となって地表を流れ出します。

その泥水の流亡がさらに表土の通気浸透孔を塞いでいき、伝染するように周辺の通気浸透性をも減じさせていきます。そして大雨の度に大量の泥水が地表を削り、やがて土砂崩壊にもつながっていくのです。

自然界の循環で重役を担う菌糸群

森の健康状態は、土中の通気浸透水脈の状態がきっかけとなって、刻々と移り変わっていきます。落ち葉の層の下の腐植層では、有機物の分解過程で発生する菌糸群が、白い糸状に見える形で絡み合い、落葉・落枝などを包み込んでいきます。

菌糸群の代謝の連鎖によって、落ち葉や落ち枝などはもちろん、土中の生物を始め動物遺骸に至るまで、すべての命は土に還っていきます。それは主に腐植層において行われますが、樹木根や水脈を通して菌糸は深部に到達し、そこでもまた、母岩からのミネラルの分解、上部への供給や有機物残渣の処理、地下水の浄化などといった、自然界の循環における重要な働きを担っています。

畑の土を研究対象としてきた草地土壌学の世界では、母岩の風化とミミズの糞の堆積などによって1㎝の土壌生成に１００年かかると言われています。

この数字は、健康な森林土壌における土中での膨大な菌糸群の働きは正確に考慮されておらず、これは樹木の根の及ばぬ畑や草地での話に過ぎないのでしょう。健康な森ではダンゴムシやミミズなどの土中小動物の代謝による土壌生成量は、樹木根の到達する森林土壌深部で進行する菌糸群による有機物の土壌化のスピードに比べたら、ほんの一部でしかありません。

このことは例えば、海岸など砂地の環境に植樹したのち、植物根の伸長とともに、数年で砂が団粒土壌へと変化して安定していく様子を観察すれば、分かることです。（**188頁参照**）

いのちのリレーを担う菌糸ネットワーク

保水力の高い腐植層や団粒土壌層を形成するのに不可欠な土中の菌糸は、落ち葉層を捕捉して、あたかも土中でネットワークを形成するかのように草木の根をつなげていきます。（**図版1-24**）

図版1-24：土中に張り巡らされる菌糸のネットワークイメージ図

この菌糸のネットワークが土壌の団粒構造を保ち、大地の血管ともいうべき通気浸透水脈を保っていることは前項でお話ししましたが、それだけでなく、この菌糸のネットワークを介して木々はまるで会話しているかのように、お互いに情報や物質の交換をしていることも最近、森林での実験*で確かめられています。

シマード博士の実験は、マザーツリーと呼ばれる森の中のひときわ立派な巨木（**図版1-25**）に放射性同位体（^{14}Cまたは炭素14）を吸収させ、それが他の木々にどのように分配されているのかをトレースする形で行われました。

その結果、マザーツリーは森の中のかなり遠方の木々にまで、炭素分を始めとする養分を分け与えていることが分かったのです。

つまり長老格のマザーツリーが、他の木々や森の状態を把握して、森全体を育てている事実が明らかになったのです。また情報や物質を伝達しているのは、土

＊ブリティッシュコロンビア大学教授　スーザン・シマード博士による

図版1-26：森の中では「いのちのリレー」が菌糸のネットワークを介して行われている

図版1-25：「マザーツリー」と呼ばれる森の中の巨木

中の菌糸ネットワークだということも分かりました。

さらに驚くことに、マザーツリーは森の中で発芽した自分の子どもを識別して、そこに優先的に養分を送っていることもこの実験で確かめられたのです。

これを研究者は近年、「植物の知性」と表現しています。*


その情報や物質の交換を担う菌糸は、まるで一つの意思を持った生命体のごとくふるまい、森全体をコントロールするような働きを担っているかのようです。

土中の菌糸は、単に生きている木々の養分や情報の交換を担うだけでなく、動植物の遺骸を分解して土へ還し、そのいのちを他の生きるべき木々に移行する、いわば「いのちをリレーする」役割をも担っています。（**図版1-26**）

その土地環境において生きることを許された木々は、その細根の先端部分に付着した菌糸＝菌根菌を介して、森の情報や、必要な水や養分を得ているのです。

菌根菌は、樹木根から排出される光合成生成物を受け取り、互いに持ちつ持たれつの関係を保ちます。菌糸

＊フィレンツェ大学教授　ステファノ・マンクーゾ博士、他

と共生することで初めて木々も健康に生きられるのです。何を生かし、何を大地に戻すのかは、菌糸のネットワークの中で選択されているのです。

菌糸が担う森の中の「いのちのリレー」について具体的に見ていきます。

菌糸は健康な木々を生かすべく、木々と共生関係をつくる一方で、朽ちるべきいのちを土の世界に還していく働きを担っています。

例えば、それまで木々と共生してきた菌根菌は、その木が土に還るべき時が来ると、樹木内に入り込んで、生気を吸い取り、分解していきます。分解の過程で動植物の遺骸は他のいのちを育む養分として、菌糸のネットワークを通して、生きるべきいのちへと受け渡されるのです。それが、「いのちのリレー」、生と死の循環です。

土中の菌類が木々の体内に入り込んで分解していくという働きを、人はよく「病原菌の働きだ」と言います。しかしそれは、状況に応じて移り変わっていく自然の摂理に従った菌糸の働きの変化に過ぎず、そもそも病原菌や悪玉菌という個体など存在しないのです。

その環境において働きを変える菌類のシステムを理解せず、個別に菌種を切り取って善玉や悪玉などに分類し、人間にとって都合よい働きだけを存在させようとする試みは、本来の自然の秩序を無視した在り方と言わざるを得ないでしょう。それは決して地球上で持続するものではありません。

土中菌糸の働きは、私たち現代人に、自然との向き合い方を問いかけているようです。

「マウンド更新」はいのちのゆりかご

図版1-27は枯れゆく木と生きるべき樹木における、情報のやりとりを図示しています。

枯木の中にまで菌糸は入り込みますが、生きるべき木々においては、菌糸は根の先端にとどまります。菌糸が入り込んで分解が進んだ枯死木は、内部がしっとりしたスポンジ状態となります。そしてそれは日照や風が緩和される森の中では、毛細管現象によって土中

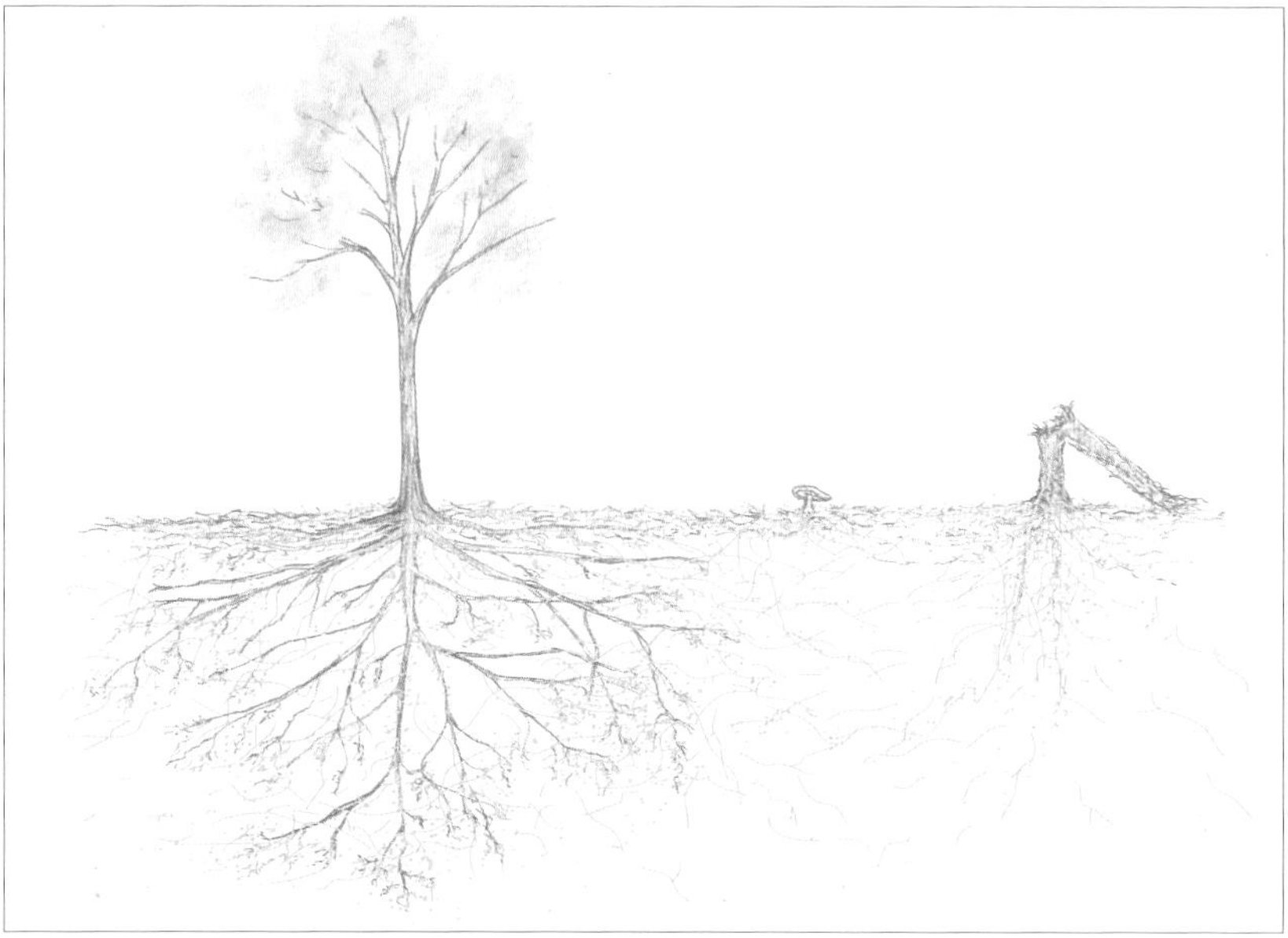

図版1-27：菌糸を介した情報のやり取りのイメージ図。枯れゆく木と生きるべき樹木が選択される

から水分が吸い上げられた適度な湿気が保たれることで、枯死木は菌糸群にとって最適な環境となります。

スポンジ状となった枯死木の中を伝い落ちた水は、たくさんの養分を含んで林床に浸透し、土中の環境を涵養し続けます。そして、菌糸のネットワークを介して、生きるべき木々へと、枯死した樹木のいのちが受け渡しされていくのです。**（図版1-28）**

実際に、朽木や切り株の分解が進むにつれて、その朽木の上に新たな実生の発芽が集中し、競争するかのように勢いよく伸長していきます。**（図版1-29）**

森の中では、こうした朽木や倒木がマウンドとなって、次世代の森の木々が育まれます。こうした朽木による森の更新を「マウンド更新」と言います。朽ちて大地に還る過程で、それはいのちのゆりかごとなって、次世代の木々を育てるのです。

こうしたいのちの循環そのものが、土壌本来の姿であると言えるでしょう。

図版1-28：菌糸が入り込んで分解が進んだ枯死木は、内部がしっとりしたスポンジ状態となる

図版1-29：菌糸のネットワークを介して、生きるべき木々へ枯死した樹木のいのちが受け渡されていく

07 すべては土に還るということ

ここまで健全な土中環境形成のために不可欠な、有機物の循環について話してきました。ここからは、有機物の循環とともに、重要な無機物（ミネラル）について、岩石、母岩からの供給の仕組みについて、お話ししたいと思います。

周辺環境を息づかせる露岩、磐座《いわくら》

太古の時代から、巨石の鎮座する場所が聖地として守られてきた歴史が世界中に存在します。**図版1-30**は静岡県浜松市にある渭伊《いい》神社背面、丘の頂部の巨石群で、古来、信仰の対象とされてきた天白磐座《てんぱくいわくら》遺跡です。

磐座のある小山の下には、多くのケースで集落の水場が存在します。その清冽な湧水を守るために、こうした場所には社寺や祠が配されて、「鎮守の杜」として環境が守られてきました（**図版1-31**）。また、古来、人は露出した巨石に神秘的なエネルギーを感じ、おそれ敬ってきました。その理由は、露岩の存在による環境のポテンシャル（いのちを育みうる大地の潜在力）の高さにあるのではないかと私は感じています。

近代以降、磐座の多くは、明治期の神社合祀や戦争、そして戦後の拡大造林といった時代の波に翻弄され、本来の森が保たれている場所は非常に稀になっています。

この磐座においても、渭伊神社の大切な鎮守の杜にもかかわらず、土地本来の森は姿を消して今は杉の植林地となっています。それでも、実生で芽生えた木々

図版1-30：「天白磐座遺跡」（静岡・浜松市）。磐座がある小山の下には集落の水場があることが多い。その水源を守るために古来、神聖な場所とされてきた

図版1-31：箱根神社の参道近くにある祠（日枝神社）のご神体の巨石（神奈川・箱根町）

が大木となって磐座の巨石に幾本も張り付いている光景を見ると、いのちを育む巨石の潜在的な力に心打たれます。

露出した巨石群を磐座として、先人たちがその周辺自然環境を含めて守ろうとしてきた歴史には、大切な意味があります。それは、そこが周辺環境を息づかせる要となるからです。

あらゆる生命において、細胞を構成するのには有機成分だけでなく、微量ながらもミネラルが必須となります。ミネラルとは、鉄やアルミニウム、ナトリウムなど多種類の無機成分を総称します。つまりこれは、多元素が共存することで初めて、生命のバランスが保たれることを意味します。

植物に必要な土中のミネラルは、土中深くの母岩から、ゆっくりと供給されます。それだけでなく、実は、磐座を始めとする露岩が、土中深くの母岩からの供給量とは比較にならないほど、膨大で持続的なミネラル供給源となっているのです。

菌糸が育む「いのちの杜」

山中においても、苔むした岩の上でひときわ力強く生きる巨木の姿をよく見かけます。(**図版1-32**)

森の林床には大量のどんぐりや草木の種が落ちます。しかしながら、その中で芽吹き、大きな成長の力を得て、巨木になるまで生き残ることができるのは、よほど環境条件の良い場所に芽吹いた幸運な個体に限られます。

そうした、いのちを育むポテンシャルの高い場所の一つに、こうした、しっとりと苔むした露岩の上という環境があります。

この「しっとりとして苔むした状態」であることに、実は大切な意味があります。

露岩においてこのように苔むした状態であるためには、岩盤の節理(岩の亀裂)に菌糸が張り巡らされた状態で保たれることが必要になります(**図版1-33**)。そして菌糸による水分の捕捉と大小無数の節理における毛細管現象との連動によって地中の水分を吸い上げ、あ

図版1-32：苔むした岩の上に根を張る巨木（「鋸山」千葉・鋸南町）

図版1-33：岩盤の上のコケと樹木根

図版1-34：苔むした露岩の上で木々が発芽し巨木になっている

るいは空気中の水分を菌糸が捕捉して、露岩が常に潤いのある状態を保ちます。そうなると、岩の表面をコケが覆い、樹木の根も岩の表面を這うように伸長していきます。

やがてコケや、樹木根の分泌物とそこに張り巡らされる菌糸群によって、露岩は表面や節理を中心に、ゆっくりと溶かされていきます。

「ゆっくりと」ではありますがその速度は、空気に触れていて微生物活動の活発な露岩表面の方が、土中よりもはるかに大きいということは、容易に想像できるでしょう。

溶け出したミネラルが菌糸を介し、あるいは岩を伝う雨水によって岩の裾に染み込み、土中の菌糸のネットワークを介して森全体、木々全体に受け渡されて、その名のごとく「いのちの杜」として息づく環境をつくっていくのです。

岩盤の上で巨木が成長する理由

奥山を歩き、木々の更新の様子を追いながら、露岩周辺の環境について観察してみると、苔むした露岩の上は木々が発芽しやすく、巨木になりやすい環境であることが分かるでしょう。（**図版1-34**）

コケが生じ、そして木々が露岩を包み込むことで、しっとりした状態が保たれ、その上に根を張る巨木が、周辺の環境全体へミネラルを受け渡す役割を担うからです。露岩の上の木々は、その露岩が湿潤を保つ限り、岩を根が抱え、細かな節理に無数の細根を降ろし、巨木になってもびくともせずにその場を守り続けます。

しかしながら、周辺環境に何らかの変化が起こり、土中環境の悪化が生じて露岩の乾燥が始まると、節理に張り巡らされた菌糸は消失し、岩の内部は恒常性を保つことができなくなります。そうなると、節理にビッシリと降ろされていた樹木の細根は短期間で枯れていき、台風等で強風に煽られると、岩からはがれるように倒木してしまうのです。

また菌糸が消失した露岩は、すぐに節理が目詰まりして浸透性も貯水性も失われます。そうなると風化に伴う岩盤崩壊が始まります。見えない土中における通気浸透水脈の環境の崩壊が、植生の劣化や生物環境の劣化ばかりでなく、地形そのものの崩壊を招き、岩盤をも同様に短期間で崩壊させます。

こうしたプロセスの中で倒木した樹木の根を見て、多くの人は「岩盤だったからこんなに根が浅くて倒木してしまった」と思うようですが、事実はそうではありません。そもそも、岩盤の上の樹木が、なぜそこでひときわ大きく成長し、巨木になったのかを理解しなければ、土中につながる動的なネットワークの全体像は見えてこないのです。

杜はいのちの循環の要

土の世界がいのちを生み出す拠点となるためには、有機物と無機物、菌糸を介したエネルギーや養分の循環が必要です。そして、その要の一つが露岩であり、そこに苔むして菌糸が覆うことで、初めてミネラル分が半永久的に土中に供給されるのです。そこが菌糸を介して有機物や無機物を含むいのちの循環の要となり、木と土が共に育っていきます。

そういう環境をかつては「杜」と呼び、神聖な場所として大切にされてきました。それはこのような意味合いがあるからだと考えられます。杜とは、土と木が共に育みあう場所であり、そこがいのちの循環の要となる場なのです。

こうした視点でストーンサークルや昔の墓石や石塚を見ていくと、古来、人は石を立てることによって、人為的にその地にエネルギー循環の拠点をつくるということをしてきたということが想像できます。（**図版1-35**）

なぜそこに、まるで自然の力が集まっているかのように環境が息づくのか。論理的、科学的な解明以前に、古来、人はこうしたことを感覚的に把握していたのだと考えられます。いのちの循環の拠点や、その力強さに何か神秘的なものを感じておそれることは、人間の

図版1-36：鑿跡を残した石造物にはコケが載りやすく、張り巡らされた菌糸を介して周辺の環境が育つ

図版1-35：古の人たちは、石を立てることでエネルギー循環の拠点をつくっていたのかもしれない

本能の奥底からくるものなのかもしれません。健康な杜（森）や川に気持ち良さを感じるのも、同じことなのではないでしょうか。

塚や墓標、燈籠、石塔等の屋外の石造物は、かつてはあえて表面を磨くことなく、鑿《のみ》跡を残すなど、コケの載りやすい状態に加工して据えてきたことからも、先人の深い智慧を感じます。（**図版1-36**）

これらが苔むして、そして菌糸が覆い、根が絡み、その土地の環境が育まれます。木々がうっそうと繁り、巨木となっている古代の霊場や土葬地、風葬地の神気は、そんなところからきているのでしょう。

かつての土葬地における立石の墓標も同じ理由で、遺体が腐敗せずに大地に還りやすい状況をつくろうとしてきた経験的な智慧の集積が、そこに必ずあると考えられます。

いわゆる「万物は土から生まれて土に還る」という意味は、専門分野に縦断された今の学問の範疇を超えて、想像や感性で補うということをおそれず、許容することで初めて見えてくるのです。

土中環境再生は地方創生につながる

——太夫浜 海辺の森、海岸松林の環境改善プロジェクト

鼎談

篠田 昭氏 前新潟市長

×

羽ケ崎 章氏 建築家・アトリエニコ代表

×

高田宏臣 高田造園設計事務所代表（著者）

聞き手・文＝澤田 忍

——太夫浜 海辺の森、海岸松林の環境改善プロジェクト（**184頁参照**）ですが、どのようなことがきっかけで始まったのでしょうか？

篠田：新潟市は、今から180年ほど前、江戸時代後期に天領になった時の初代奉行・川村修就《ながたか》が、海岸線に沿って松林を組織的につくろうと取り組んだことで、砂丘間の低地に田畑が開墾されたり、市街地が広がったりしたことで出来た街です。つまり松林はわれわれの暮らしの基盤を守ってくれてきた恩人です。しかし、いつしかその松林のありがたみや意味が忘れられてしまい、気がつけばマツクイムシが発生して、松林が荒れ果てているという事態となってしまいました。そこで、マツクイムシの防除を始めたのですが、地域によっては効果が出ないどころか、被害が拡大していきました。防除の限界を感じていた頃、自然栽培を支援する方々から高田さんを紹介されたんです。その土地の環境を再生する取り組みをしている造園の専門家だということで興味を持ち、実際にお会いして、特にひどい被害が出ている太夫浜の一角を依頼することにしま

した。ここでうまくいけば、新潟市の職員も目覚め、地域住民も協力するというモデルケースができるんじゃないかという思いがありました。

羽ヶ崎：（写真を見ながら）ここはどこだと思いますか？　記念に撮影しておいたんですが、作業に入る前の太夫浜の遊歩道です。遊歩道が見えませんよね（笑）。樹冠もまばらでスカスカです。

篠田：正直、われわれは遊歩道があったことも忘れていました。松林が傷み、砂が流れて遊歩道を覆っていたんです。被害は車道にも及んで片側1車線の道路の片方が完全に埋まってしまっていました。このような状況の場所をなんとか蘇らせたい。僕はそう思いましたが、市職員は懐疑的だし、地域住民も防除を当たり前と思っていましたから、住民の中には「市が防除をサボろうとしているんじゃないか」という人もいたくらいです。

――篠田さんは、高田さんの手法をどのように受け止めましたか？

篠田：僕は自然栽培を支援する人たちとの付き合いがありましたから、志向として、高田さんの大地の呼吸、水脈が大切、ということは納得できるというか、理解できました。

　マツクイ問題は防除だけでは限界があると僕自身も感じていて、松の生命力、そしてその大元である大地の生命力を蘇らせることが必要なのではないかと思っていました。ですから、高田さんのように職人チームでやってくれるという人がいると知って、是非、お願いしたいと思いました。

高田：２０１７年の春に自然栽培の支持者の方から、農薬に頼らない松林の管理を模索しようとしている新潟市のことを聞いて、その夏にまず、能登以北の日本海側の砂丘の調査に行ってみました。調査を通して、海岸松林はどこも砂丘の土中環境に同じような問題を抱えているなと感じました。

　自治体によって海岸松林造営にさまざま手を掛けているのですが、そこに、土中の水と空気の循環という視点がないので、その対策がことごとく土中の呼吸を詰まらせてしまう。樹齢10年、15年程度の若い松までもがすでに枯死が始まっているなど、相当傷んでいる状況でした。
そんな状況の砂丘を見ながら新潟に着いて、阿賀野川河口付近を視察した時、「あ、これならいけるな」という感触を得ました。なぜかと言うと、砂州に流れ着いた流木や枝葉が堆積しているところの砂が、砂州形成後わずか数年で土に変わり、植生が安定してきていたからです。こうすれば砂地も安定すると感じました。

蘇った松林・太夫浜を視察する、手前から篠田氏、高田（著者）、羽ヶ崎氏。2019年9月

工事中、いろいろな人が話し掛けてきてくれて（笑）、20年前、ここは裸足で歩けるほど気持ち良いところだったとか、懐かしそうに話してくれるんです。良い状態の森がヤブになるのはあっと言う間ですが、逆に、うまくやれば、良くなるのも早いものです。

篠田：そうなんです。高田さんからは1年もあれば効果が出ますと言われましたから、驚いたのと同時に、その期間なら自分の任期中に結果が出るので責任が持てるなと。
それからこのプロジェクトには、新潟市北区の区長が積極的に参加してくれたことも大きかったですね。彼は内閣府の官僚だったんですが、新潟市で区長の公募をしたところ応募したいとUターンで戻ってきた人です。そういう革新的な人材がいたことも良かった。

結果は予想以上に早く出た

羽ヶ崎：僕は、自分が手掛けた住宅の庭の木が枯れていく様子から、木が弱っているんじゃなくて根本的に何かが違っているんじゃないかと疑問を持っていました。それで調べたり、自然栽培の農家さんから「環境再生」ということを教えてもらって、「そういうことなのか」と目覚めた一人です。実際、自宅の庭は水が溜りやすい所があって、高田さんに見ていただき、土中改良したところ、とても良くなったんです。

そんな実体験もあって、土中に意識を向ける必要性を感じ、農薬散布に頼る防除の在り方に疑問を持つようになりました。でも残念なことに、２０１８年春にも太夫浜の松林への農薬散布が決まってしまい、高田さんが働き掛けてくれましたが、覆りませんでした。

高田：周辺の人たちの理解が進み始めているのに、防除を完全に否定してしまったら、その流れが止まってしまう。なので、まずは1年目で結果を出して、２年目から防除をやめてもらうという方針にしました。

篠田：市会議員の中には「なんで防除を止めるんだ」と議会で質問してくる人もいました。防除しなければ、周辺にもマツクイムシの被害が及ぶんじゃないかと住民が心配していると。でも実はそうじゃなくて、[*1]『奇跡

工事範囲外だったが隣地の土壌改良も行い、下草が生えそろってきていた。2019年9月

通気浸透水脈を再生させるために土中に開けられた通気孔

のリンゴ』の木村秋則さんも書かれていますが、虫はやってきますけど、周辺には行かないんですよ。防除されない場所の方が居心地がいいから（笑）。

高田：造園専門誌『庭』[*2]235号にも書いたんですが、効果は結構すぐ、半年で出ました。これには正直、僕も驚きました。そして、1年も経つと隣地と比較すると状況が全く違うので分かりやすかったと思います。でも今は、隣地も良くなって分かりにくくなっちゃった（笑）。

状態の良かった松林がなぜあれだけのヤブになってしまったのか、そこは今の学者も樹木医もまず説明できないんですよ。全体の環境として見ていないから。

篠田：結果が出てきて、地域の人たちから「頑張ってください」とか「良くなった」と言う声が上がるようになりました。近所で散歩する人なんかはすごくその変化を感じたと思います。

高田：砂を止める、いわゆる砂防は、砂が飛んでくるのを松の枝葉で止めているように見えますが、それは表面的なことであって、大事なことは風で飛ばない、雨で流亡しない、健康な土壌に変えていくことです。

松林が傷むのは、道路などの造成の際に表層水脈を分断したことから始まったことは、時系列的にも明らかです。だから、砂丘の低いところには常に水が溜まって、はけずにグライ化する。一方で、砂丘の高いところは乾燥して流亡する、いずれも松は衰退してひどいヤブ状態になってしまう。そのうえ松が枯れるからと農薬散布すれば、ますます土壌環境はダメージを受けて負の連鎖が進む。単に枯死の原因となった病虫害を排除すれば、解決するというほど問題は単純ではありません。健康な土地の源である、土中環境から見ていかないといけない。

ここでは二十数年前、砂丘を縦断する2本のアスファルト道路と砂丘下の農道で分断されて、それから急速に松林の崩壊が加速したようです。気がつくと浸透性がなくなった大地からぱさぱさの砂が流れ出して道路を埋める。深い根を必要とする松は弱り、そこにマツクイムシがとどめを刺すように枯らしていく。マツクイムシは枯死の原因ではなくて結果に過ぎないの

篠田 昭 氏
前新潟市長
1948年新潟市生まれ。上智大学外国語学部卒。1972年新潟日報社入社。編集局学芸部長、長岡支社報道部長、論説・編集委員などを務め、2002年9月に退社。同年11月、新潟市長選挙にて当選。以来、4期務める。主な著書に『緑の不沈空母～にいがたの航跡』（幻冬舎、2019年）などがある

です。だから松だけでなく生態系の循環そのものを健康にして松林を健やかな環境に戻すことが大切なんです。

でも、一般的な松林での対処方法は、マツクイムシにやられた松は伐採してすべて燻蒸です。燻蒸する所って、なぜか雰囲気が悪いんですよ（笑）。人間にとっても心地良くないから、われわれもそれを感知するのかもしれないですね。

羽ケ崎：それって街づくりも一緒で、高田さんは森全体の滞りを見るじゃないですか。それは街づくりで言うと、空き家なんですね。空き家があると空気が滞るんです。この間参加した講演会では、空き家をきれいに再生して、新たな使い手を見つけるという活動をしてる団体が活動報告をしていました。空き家をきれいにすると、そこに住んでみたいという人が現れて、その周辺にまた活気が戻ってくると。それは今やっている松林の再生と同じことだなと思いました。

自身で思考すること

篠田：道路や遊歩道が砂で埋まって見えなくなってしまっていた様子が、近代化の行きつく姿なのかなと思うと複雑な心境になります。昭和の時代、手を掛けて土地を利用していた頃の方が、まだ技術が進んでいたんじゃないかと思えてしまいますから。今は安直にアスファルト舗装するとか、なんでもかんでも防除とか、それがどれだけ自然を傷めることになるのかということに思いを致すことはありません。新潟を舞台にした映画[*3]『降りてゆく生き方』では、上に上がることだけ

目指してきたけれど、その結果、もう一度、降りていく目線を確認した方がいいんじゃないかということを訴えていましたよね。

羽ヶ崎：すべてをコンクリートで固めると、思考停止になるんじゃないでしょうか。ちゃんと見て、手を掛ける、ケアすることで思考が生まれるような気がします。

高田：そう、大切なのは、思考することです。今回、予算を付ける時、市役所から仕様書を提出してくださいと言われました。でもそれは難しいと断ったんです。なぜかと言うと、僕の取り組み方は、現場を観察して、その時々に必要なものを調達し、必要なことをやる、それの繰り返しですから、決まった仕様書通りにやるという、今の行政のやり方とは、根本的に違うんですね。僕はそのような自然への向き合い方が、環境をダメにしていると思っていますから。

行政の担当者からは「それじゃ予算を付けられない」と言われたので、「ならボランティアでやります」と答えました。仕様書を提出して予算が付いたら、それ以外のことはできない、やっちゃいけない。でもそれだと不必要なことをやらなければならないことが必ず起こるんです。

僕は2カ月に一度、現地視察に行きましたけど、うまく行っていることが確認できたら、ほとんどやることはないので、千葉から日帰り新潟出張、なんて時もありました（笑）。それくらい、順調にいけば、あとは自然に任せたらいい。現場を観察する力と対話する力を養うこと。そうすると現場に関わることがどんどん楽しくなります。

羽ヶ崎 章 氏
建築家・アトリエニコ代表
1978年神奈川県生まれ。2002年神奈川大学工学部建築学科卒業後、久保田章敬建築研究所入所。2004年工務店設計部勤務。2007年アトリエニコ一級建築士事務所設立。「人々の暮らし」を自然環境や住環境、生活環境などさまざまな「環境」から考え、人々がより豊かに暮らせる「環境」をつくることを目指している

現場を読む、観察する

羽ヶ崎：高田さんの手伝いをしていて何がすごいかって、その場の観察力です。場を読むのは、高田さんにしかできないなと思いながら見ていました。でも、僕も高田さんの観察をして（笑）、場を読む力は少しずつついてきたかなと。とはいえ施工は無理です。その場の樹木などに対峙しながら実践することは、並大抵のことではできません。

僕は、現場を見過ぎて心配になってしまうんです。それで高田さんに連絡して、画像を送ると、「大丈夫」と言われたりして（笑）。

高田：全体が良くなっていると感じられればいいんですが、そうは言っても心配ですよね。確かその連絡をもらった時は、新しく植えた苗木の成長が遅いんじゃないかということでしたよね。

羽ヶ崎：そうです。でも高田さんからは、既存の松が成長しているんだから問題ないと言われてしまいました（笑）。

高田宏臣（著者）
高田造園設計事務所代表
著者略歴参照

高田：既存樹の成長が良ければ、下にある苗木の成長は遅くなるんです。新たに植えた苗木の成長速度を基準にする必要は全くなくて、森全体の健全化が目的なわけですからね。成長が止まった松は、やがて成長した松が寿命を迎えたり、なんらかの環境の変化で後退した時に再生できるように控えているんです。

羽ヶ崎：それがすごいですよね。自然界は50年、１００年先まで未来を見据えた準備をしているということなんですね。

高田：２０１８年の大雪の時、雪で松が倒れてしまった時も連絡をくれましたよね。普段は降らない沿岸部で雪が一晩で80㎝も積もってしまったんだから、倒れてしまうのは仕方がないことです。でも「何も心配らないからそのままにしておいて」と答えたと思います。

羽ヶ崎：支柱をしなきゃいけないんじゃないかと心配になってしまったんです。

高田：画像を見たところ、根っこごと引き倒されていたわけではないので大丈夫だと確信しました。人間が手を掛けて支柱をしたり、紐で引っ張ったりして甘やかしてしまったら、自立できなくなってしまう。日本海側の松は何度も豪雪や暴風雨に遭いながら成長してきたんですからね。そういうことを見極めるさじ加減が大切です。

羽ヶ崎：それを聞いても半信半疑でしたが、3カ月後には、見事に、倒れた木が起き上がっていて、驚きました。甘やかさないこと。子育てと一緒ですね（笑）。

高田：樹木はその土地の環境の情報を拾って生きていきますから。いろんな気象を体験して、その土地に適応していく。樹木が50年なり100年なりその土地で育ったということは、それだけの情報を持っているということです。それを土の中で菌糸が伝え合っていて、森として育てていくんです（**第1章06に詳述**）。森とは、林とは、と定義付けしたり、松林は白砂青松で、下草が生えていてはならないとか、現代人の勝手なイメージが先行してしまっていて、生態が無視されているのはおかしなことです。

行政の仕組みとのミスマッチが課題

——このプロジェクトの意義や影響についてはどのような印象をお持ちですか？

篠田：行政は基本的にマニュアルで動きますから、区役所の職員の中には、「なんでこんなことやらなきゃならないんだ」と言う人も当然いましたけれど、一方で、このプロジェクトの意味に気付く人たちもいました。

また新潟にとって松林は大切なところだよねという

理解も少しずつ広がってきていることは事実です。例えば、NHKのテレビ番組『ブラタモリ』で、新潟は砂と共存してきた街だと言うことを、タモリさんが「新潟は砂の街でスナ」と宣伝してくれて、市民にも認識を新たにしてもらえたところがあったと思います。先人たちの知恵と努力で、砂丘を十分に活用して、今の新潟の街が築かれたと。それに比べたら、技術が発達したはずの現在は、安直過ぎませんかと。その結果がマツクイムシにやられた松林と周辺の状況だよねと。私個人としては、全く矛盾していないし、無理ないことなんですが、行政マンや市議からしたら、説明しにくい、国が認めていない＝補助金が下りないようなことをなぜやるんだという思いはあったと思います。

羽ヶ崎：このプロジェクトの意義を広めるという意味では、高田さんから、地域向けに勉強会ができないかと言われたことがあって、それで広まっていったと思っています。勉強会の参加者の中から、手伝いをしてくれたり、隣の区画もやってみましょうと手伝ってくれる人が出てきましたから。じわじわと浸透して、松林が良くなっているということを感じている人は増えていると思います。

高田：自然の変化って分かりにくいですよね。言われて初めて気付くとかね。

――もっとこういう活動が増えないかなと思いますが、何が課題でしょうか?

篠田：国の支援が受けられないことが大きいですね。植樹も決められた、整列した並べ方でなければ、林野庁は補助金を出しませんから。このプロジェクトでは1年で結果は出せていますが、国は認めてくれません。

高田：補助金が出ないと、他の自治体にも広がるという動きにつながりにくい。ただ、理解者が増えてきているという感触はあります。

篠田：国の意識が変わるには、強烈なインパクトがないと難しいかもしれませんね。それこそ、三保松原が本当にピンチになって、防除だけではどうにもならないとかね。まぁ、そうなって欲しくはないですが……。

新潟で言えば、西海岸公園の周辺はまさに新潟の街づくりの原点なんで、ここが大変だということになれば、インパクトはあるかもしれません。

実はもう、荒れ始めていて、３年前はもう少し良かったんです。あそこは手間を掛けているというイメージを持っていたのでショックです。

西海岸公園が出来たのは昭和のバブル期で、丁寧につくられています。その後平成になってからは、手間もお金も掛けていない。この差は日本が貧しくなっているということの表れなんじゃないかと思えてなりません。

高田：劣化は、意識して初めて気付くことです。「前からそうなんじゃない?」とか、「そんなにすぐ変わるかな?」という人も多いですよ。

篠田：あの公園はランニングしたり、散歩する人も多いので、「ここを注意して見てください」と呼び掛けたら違うかもしれません。チェックポイントが分かれば、気付くんじゃないでしょうか。

羽ヶ崎：その場に行かなければ、気付けないことはたくさんあります。高田さんは現場で、人と対話しながら、その場を観察するということをされていますが、そもそも、われわれの対話力が落ちていると思うんです。それはSNSの「いいね」に代表されるように、一言で終わらせてしまう状況が当たり前になっているからだと思うんです。本当はその一言の中に、いろいろな意味が含まれているはずなんですが、書かれていることが一言なので、そこから対話が生まれてこない。やはり面と向き合って、相手の表情を見ながら話すことで初めて対話が成り立つと思いますし、その対話がなければ、気付きもないと思うんです。

篠田：「新潟の松林が大変だ」と言ったら、「防除すればいいじゃないか」という反応しか出てこないというようなことですよね。

羽ヶ崎：そうなんです。現場を見に行かずに、一方的な情報だけが伝わって、それに反応するだけという。放っておいたらその流れのままです。なので、現地に行って、見て、現地と、人と対話するということが大切だと思うんです。

高田：現場でやれることはたくさんあります。しかも理論としてはとても単純なこと。だから昔は当たり前にできていたんです。現場を見て、これは詰まっているなとか、地面の中にも水の流れがあるんだということを理解して、あとは、地表の状態の良いところと悪いところの違いを観察するということを何度となく繰り返せば、どこが滞っていて、逆にどこが良いのか分かるようになります。興味を持って観察することが大切で、そうしたら、一般の地元の人たちの方がよっぽど気付けるようになります。これまで管理してきた人、つまり専門職の人の方が、既成概念があって、その先入観を超えるということは、なかなか難しいことですから。

松林は、これまで防除だけではうまくいかなかったということから、違う視点を取り入れてみたらいいんじゃないかということで取り組んだプロジェクトです。先ほど言いましたが、森は良い状態になれば、目を掛ける必要はありますが、自然に任せられます。森をつくるのは時間が掛かると思われていますが、そうじゃないということが、この活動を通じて実証されたと思っています。1年で、ガラッと変わるわけですから。でも、何度も言いますが、悪くなるのも早い。

篠田：行政と高田さんがコラボレーションして、結果が出せた。この意義は大きいんだけれど、行政でできることの限界も見えました。本来なら結果が出せればいい話なんですが、補助金やマニュアルに頼る今の行政の仕組みに合わないんですね。ですが、今盛んに言われている「地方創生」とは、まさにこのプロジェクトのような取り組みのことを指すのだと思いますね。

注釈
＊1『奇跡のリンゴ ―「絶対不可能」を覆した農家 木村秋則の記録』（石川拓治著、幻冬舎文庫、2011年）
＊2 季刊『庭』235号（建築資料研究社、2019年）
＊3『降りてゆく生き方』（制作・配給：降りてゆく生き方合同会社、主演：武田鉄矢、2009年）

鼎談の様子。左から羽ヶ崎氏、篠田氏、高田（著者）。2019年9月、篠田氏の事務所にて

第2章
大地の通気浸透水脈

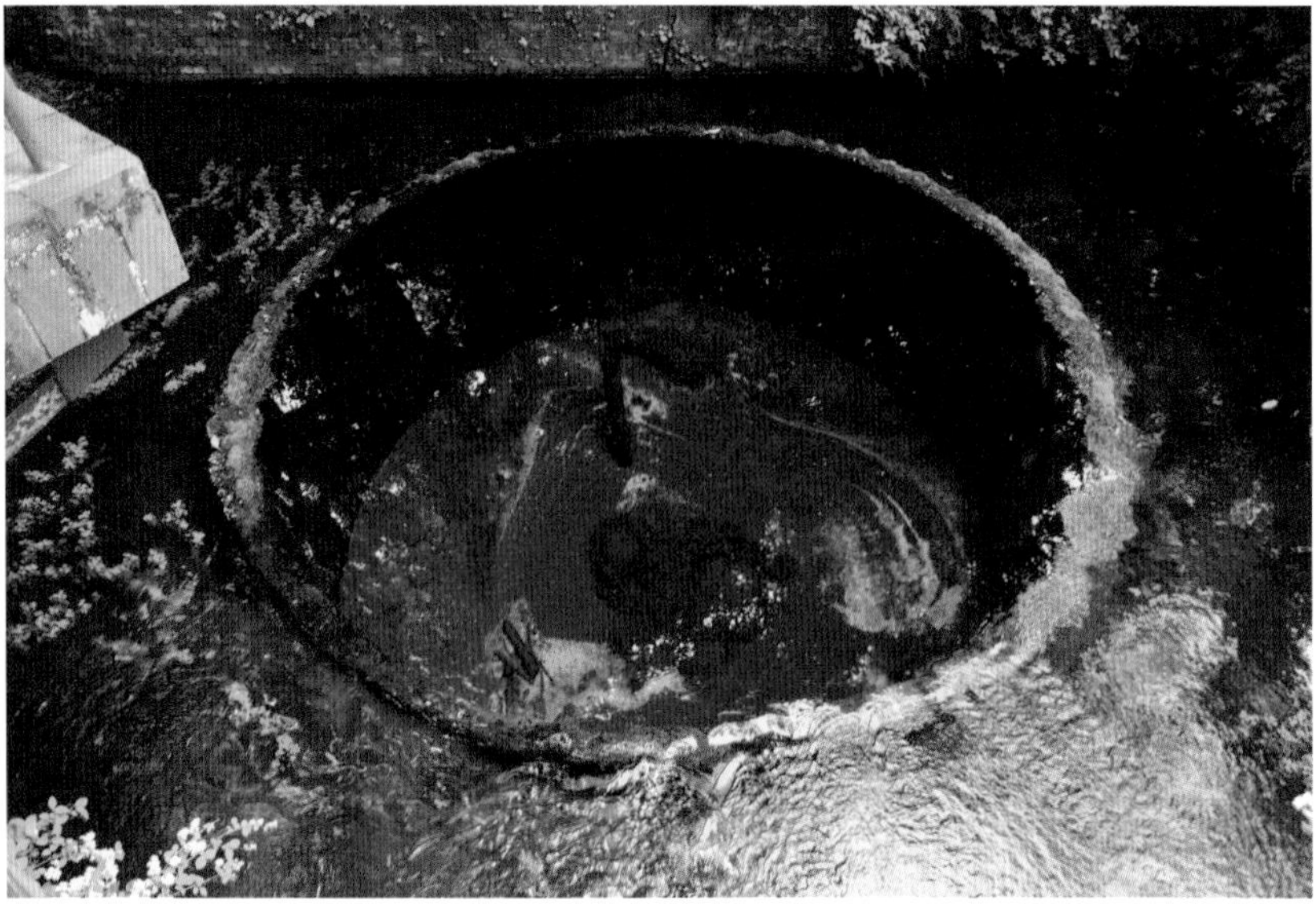

図版 2-1：柿田川公園第二展望台（静岡・清水町）のこんこんと湧き出す湧水

01
地形と大地の通気浸透水脈について

清冽な水はいのちの源であり、それがどこから来て、何を守ればその水が保たれるのか。そうした問いかけと環境への働きかけを通して、人は、自然環境の仕組みを体感的に把握してきたのでしょう。

先人たちのその把握力と視点の置き方は、自然の仕組みを本質的に把握する点において、時に現代科学の分析をはるかに超える面もあります。

清流・柿田川湧水とその地形から

図版2-1は静岡県駿東郡清水町、富士山麓周辺山系からの豊富な湧水を集めて流れる柿田川の湧水です。

柿田川は、全長わずか1・2㎞で狩野川に合流する、日本一短い一級河川で知られていますが、日量100万tという水量のほぼ全量を湧水によって賄っています。周辺地域の市街化などに伴い、柿田川の湧水量は近年減少していますが、それでもなお、ほぼ無菌状態で清冽な水を川底の至るところから湧き上がらせています。

高山を源とする湧水のおいしさは、登山をされる方はご存知でしょう。その青さと透明度の高さは地下水湧き出しの健全さを示す目安になります。さまざまな浮遊物を拾って汚濁した地表流も、還元力の高い湧水とぶつかることで汚濁は分解され、浄化され、清流が保たれます。

湧水は高低差に応じて重力によって水圧が生じ押し出されるので、山の崖面や、河川の底、特に滝つぼや淵といったとりわけ深い底部から盛んに湧き出します。

この清冽な水を求めて、かつては付近に住居の他に工場も建設されました。河川の中にあって不純物のない川底の湧水を取水して、工業用水として利用するためです。取水の方法は陶製の井筒や竹筒などを川底に差し込んで、そこから自噴させるというものでした（**図版2-2**）。その名残が今も柿田川周辺で見られます。

筒を川底に差し込むことによって、流れてくる不純物を拾うことなく、地下からの湧水だけを取水できます。また、河川や水路に差し込まれる筒の底面は周辺の川底より深くなるため、高低差によって地下の水も集まり、湧き出しの水量も増加して自噴します。柿田川の工業用水に限らず一般的にもそれを古来、飲料などの日常の用水として利用してきました。

水脈の拠点は豊かで安全な環境の源

柿田川とその周辺の地形から大地の中の水の動きとその働きを、マクロな視点で見ていきます。

柿田川湧水は富士山周辺に浸透した水が膨大な伏流水となり、箱根山系と愛鷹《あしたか》山系との山間を通過して、はるか下部の平野部の谷間に忽然と湧き出しています（**図版2-3**）。大量の湧水がこの柿田川の水源とされますが、その後も狩野川に至るまでの間、川底からの無数の湧水によって清冽な水流が保たれています。

それにしてもなぜ、この地に日量１００万ｔという大量の水が湧き出すのでしょうか。その理由は、地形と地質を見ることで容易に理解できます。

富士山麓一体を覆う溶岩に浸透した水は、無数の伏流水となって下方へ動きます。これが南東側において は愛鷹山系と箱根山系に阻まれて、表層の水脈は二山系の合間に集中し、その一部は河川（黄瀬川）を流れますが、川に連動して広範囲に、膨大な伏流水の流れもまた生じます。それは地質によっては地表流となるのですが、この付近一帯は空隙の多い溶岩で覆われているために、その多くが見えない地中を流れます。

さらにここに両脇の愛鷹山系、箱根山系からの水脈も集中し、それがまた、この水脈の水を押し出すポンプとしての働きを担います。

そして先述したように地下水もまた、山地に染み込んだ水が高低差によって、ポンプのように圧力をかけられて動いていき、富士山、愛鷹山系、箱根山系と、狭隘な山間部の地下において水圧も水量も集中します。それが広い平坦地に至り、地質や地形の変わり目から一気に膨大な水が地表に現れたのが、この柿田川湧水です。

柿田川は膨大な水脈の要であって、ここがきちんと守られることが周辺環境の安定のカギとなる、そんな場所と言えるでしょう。

現在、湧き出しの段丘上部には貴船神社が祀られていますが、古来、この地は周辺広域において重要な湧水の拠点でした。それゆえ山域全体が、鎮守の杜として連綿と守られてきたのだと考えられます。

古くより山域全体が不可侵の領域として守られてきた理由は、水脈の拠点であり、それこそが豊かで安全な環境の源であり、同時に農林漁業の営みにおける豊かな生産性の源でもあるからなのです。（**図版2-4**）

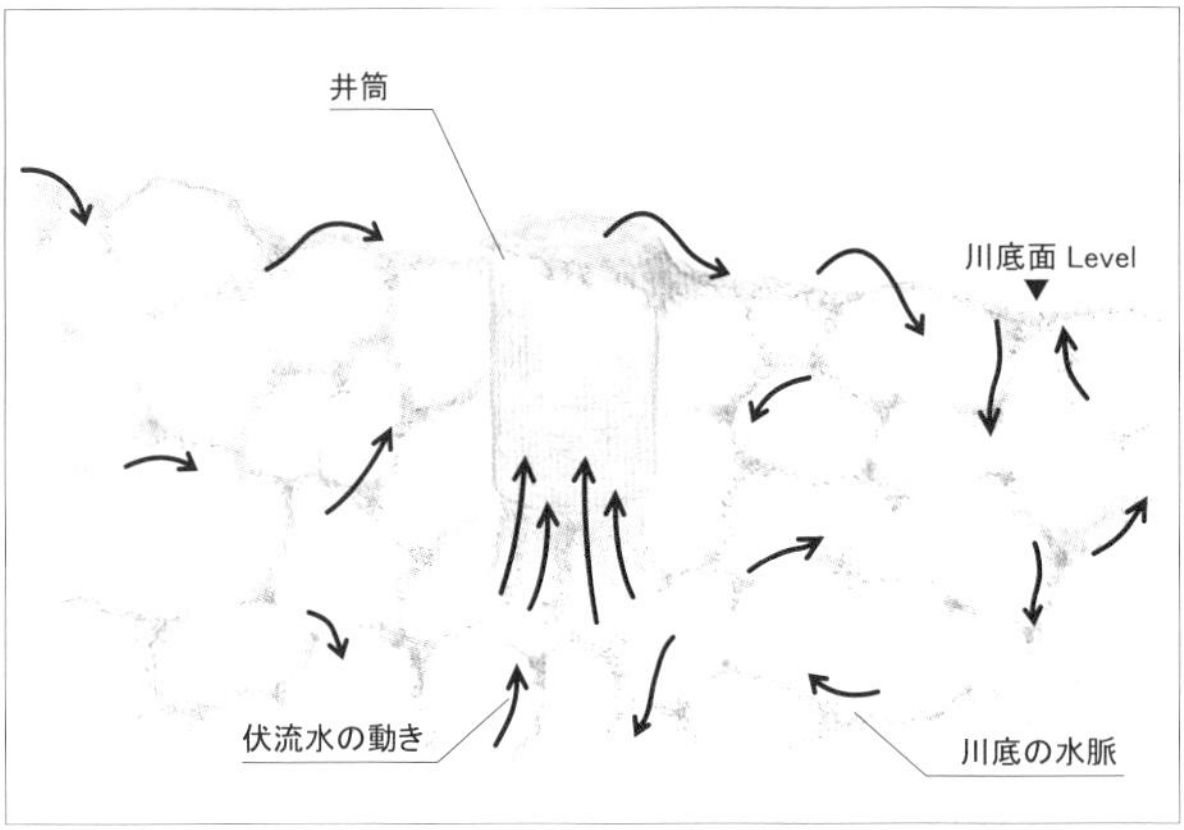

図版 2-2: かつて行われていた川底からの取水方法。柿田川でも昔は陶製の井筒や竹筒などを川底に差し込み、そこから自噴させていた

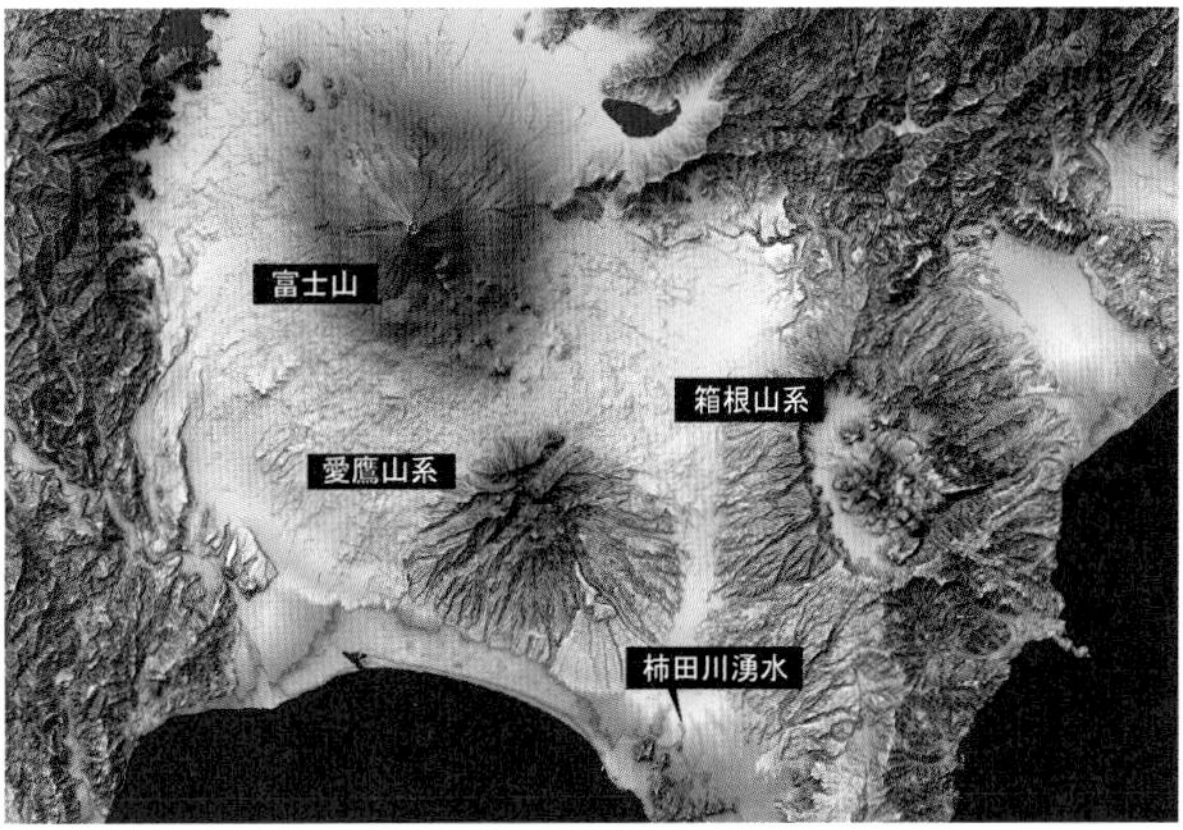

図版 2-3: 柿田川とその周辺の地形（カシミール３Ｄより）

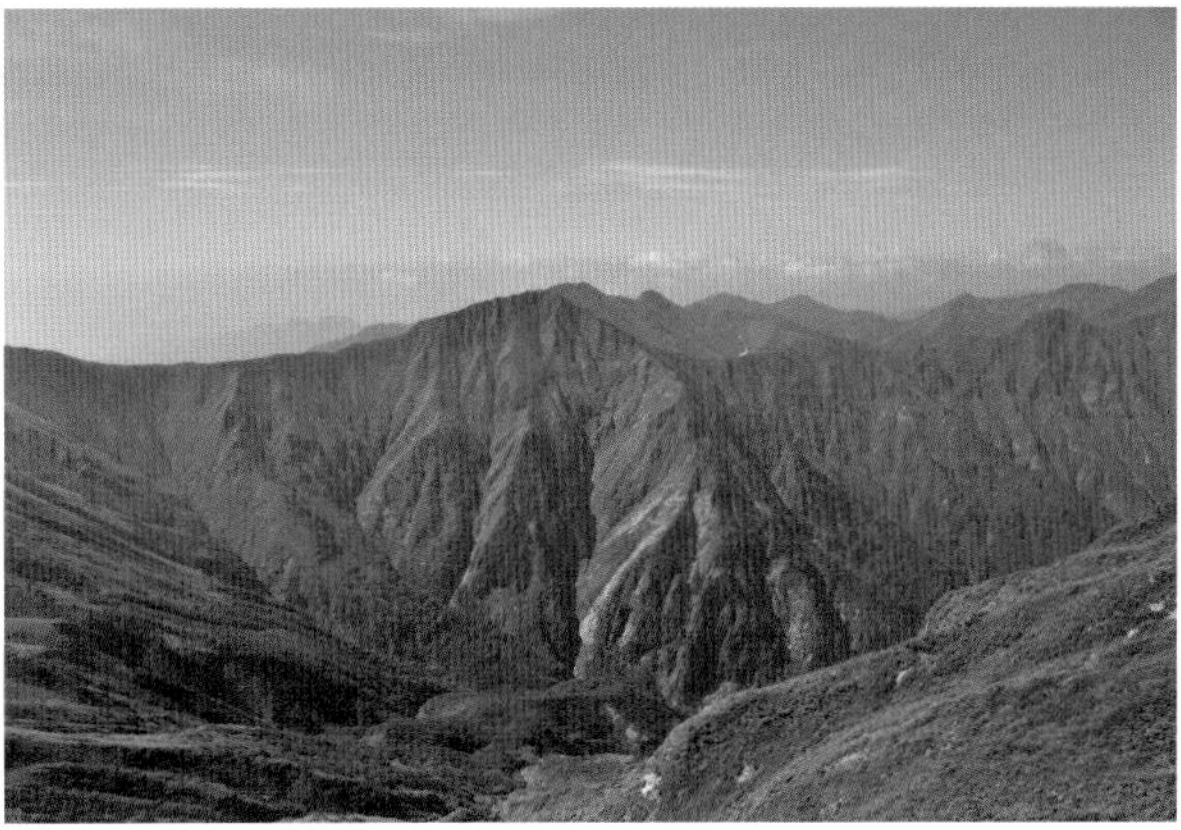

図版 2-4: 昔は水脈の拠点である山域全体が不可侵の領域として大切にされた

大地を息づかせる通気浸透水脈

豊かで安全な環境を守るために水脈を守る。その水脈がどのように発生し、働いているのでしょうか。まずは、山域において降雨が土中に供給されて始まる、地下水の動きを地形から見ていきましょう。

プレートの動きに伴う造山運動によって岩盤が隆起し、そして浸食されて谷が刻まれます。谷の浸食はいつまでも続くのではなく、一定の段階で植生が覆い、地形は安定していきます。

安定した谷の形状は、まるで樹木の幹枝や葉脈の形状のごとく、主脈から枝分かれして先端付近ではさらに細かく、まるで毛細管のように分岐していきます。この形状は枝葉ばかりでなく、第1章で紹介した菌糸のネットワークや血管とも相似形をなしています。

自然界がつくる安定形状にはミクロもマクロも共通のフラクタルな法則があります。土中の水の動きは、観測という定量的な手法に加えて、起こる現象の背後に必ず存在する自然の摂理や法則性を読み取って、それを推測で補う必要があります。そうすることでようやく全体像が見えてくるのです。

では安定した地形はどのように形成されるのでしょうか。

隆起浸食に伴い、谷が刻まれることで地形に高低差が生じます。それによって土中の水の動きは谷底に向かって動き出します。地形落差によって生じる水の動きが圧力となって地中空隙の空気を押し動かしていき、それが谷底や側面から抜けていきます。**（図版2-5）**

土中において水と空気が適度に動き始めることで、そこに張り巡らされる土中菌糸の働きも相まって、植生が覆います。そうなると地表には大小無数の空隙が生じて、雨水が浸透しやすい表層環境をつくるばかりでなく、地中に安定した水と空気の動く道を形成していきます。それがいわゆる「水脈」です。

水脈というと水だけの動きがイメージされがちですが、大地が息づいて安定するために水と同時に空気も連動して動くことが重要で、そこに視点を向ける必要があります。そのため、ここでは「水脈」と呼ばず、

図版 2-5：谷筋は通気浸透水脈がその土地の気候風土で健全な平衡状態に達した時に安定する

図版2-6：豪雨翌朝の山中沢筋の様子。健康な流域環境では豪雨後でも泥水の流亡はなく、増水しても川岸がえぐられることもない

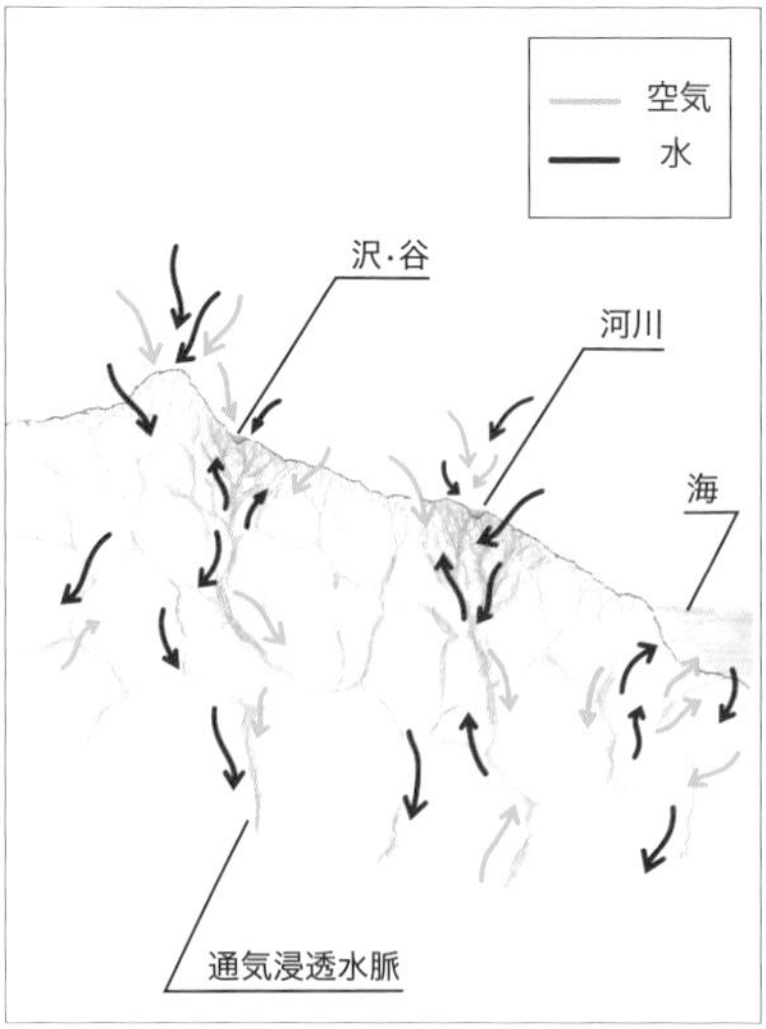

図版2-7：山から海までの通気浸透水脈のイメージ図

「通気浸透水脈」と呼称しています。（**36頁参照**）

通気浸透水脈がその土地の気候風土において健全な平衡状態に達した時、地形は安定します。

図版2-6は豪雨翌朝の山中の沢筋の様子です。河川によっては豪雨後、泥流が幾日も続く光景が今はごく当たり前になってしまいましたが、健康な流域環境においては豪雨でも泥水の流亡はなく、増水しても川岸がえぐられることもなく、安定した形状が見られます。

土中環境と表層流の円滑な連動が保たれていれば、豪雨直後においても何事もなかったかのような状態が保たれるのです。逆に言えば、豪雨の後の川岸の崩落や土砂の流亡が起こるのは、流域環境に何かしら異常があると考えられます。

自然の法則を軸に置く視点へ

図版2-7は、マクロな視点で見る陸地における通気浸透水脈のイメージ図です。

表土における土壌空隙や岩間、草木根などから染み込んだ水が、土中で次第に集約された流れとなります。その形状は、血管や樹木の枝葉や葉脈や根の形状などと相似形なものと考えられるでしょう。

水と空気の流れによって生まれる形には、自然界の摂理に基づく不動の法則があります。その法則に基づいて万物の形があり、大地を潤して息づかせていく通気浸透水脈の形状も、その法則に従っています。

通気浸透水脈と言うと、まるで送水管のようなものが土中に張り巡らされているような印象がありますが、閉塞した管ではありません。通気浸透水脈は、菌糸の膜を通して染み出し、周辺土中を涵養し、土中の余剰水分を集めると同時に不足分を補うという、土中環境の適度な湿度を保つ働きをします。

また、気温変化に左右されない水と空気が土中に円滑に流れることで、適温状態も保たれて、多様な生物が共存しやすい、恒常性の高い環境を土中につくるのです。

これもまた、人体における血管と同様に、いのちが自律的に息づくために不可欠な作用と言えるでしょう。

また、この土中の水は、単に土の中を流れているわけではありません。まるで息継ぎをするかのように、川底から湧き上がったり、あるいは地形の変わり目などから湧水となって地表に現れてはまた潜ったり、あるいは周辺の土中に染み込んで、それが菌糸などを伝って上に上り、さらに樹木の吸い上げを通して大気中に蒸散されたりと、実にさまざまな動きをしながら、地上のすべてを涵養し、いのちの健康な循環を担うのです。

しかし、土中における、実際の様子を可視的に観察することはできず、現代は分からないことの方が圧倒的に多いのが事実です。地下水の解析については、科学的なアプローチでさまざまな分析が試みられていますが、それだけでは決して全体像は見えてこないのです。

見えないことばかりの土中の水と空気の流れは、いのちの営みに共通するフラクタルな法則性に基づくものので、そこから視点を拓いていくことが必要なのではないでしょうか。

川底までキラキラと輝く健康な川の姿（「阿寺渓谷」長野・大桑村）

02

健康な河川の仕組みとその崩壊とは
～貯水ダムとシルトの流亡プロセス

青く艶のある透明な河川の水は、つい数十年前までは、まだ日本中至るところで見られました。この透明度は、河川の流れが川底の伏流水および地下水と連動して、円滑に行き来する健康な状態を保っていることを表しています。

しかしながら現在は、むしろ健康な川を探すことの方が困難になりました。なぜ健康な川とそうでない川ができてしまうのか。そのプロセスを解説します。

河川本来の姿とは？

図版2-8は、豪雨後の鬼怒川源流域の枝沢の様子です。一晩中続いた豪雨にもかかわらず、この沢筋は何事もなかったかのように水は清らかで泥の流亡の痕跡も見られず、周辺の樹木だけでなくコケすらも微動だにしていません。これが気候環境の変化にさらされながらも恒常性を保持する健康な河川本来の姿なのです。

一方、この沢のすぐ下で合流する鬼怒川本流は、この日の夕方になっても濁流は収まらず、泥水を流し続けていたのです。

図版2-9は長野県木曽川支流、阿寺渓谷です。前日、流域全体でまとまった雨が降り続いたにもかかわらず、その水は限りなく透明で、川底までキラキラと輝くような美しい状態が保たれていました。鬼怒川源流域の枝沢と同様、この川は健康な河川本来の姿を表しています。

阿寺川上流には今のところ、まだ砂防ダムや護岸構造物などは存在せず、大きな林道等もありません。車

図版 2-8：豪雨後の鬼怒川源流域の枝沢の様子。この沢筋では、まるで何事もなかったかのように清らかな流れを保っていた

図版 2-9：木曽川支流の阿寺渓谷（長野・大桑村）。前日にまとまった雨が降ったにもかかわらず、その水は限りなく透明で美しい

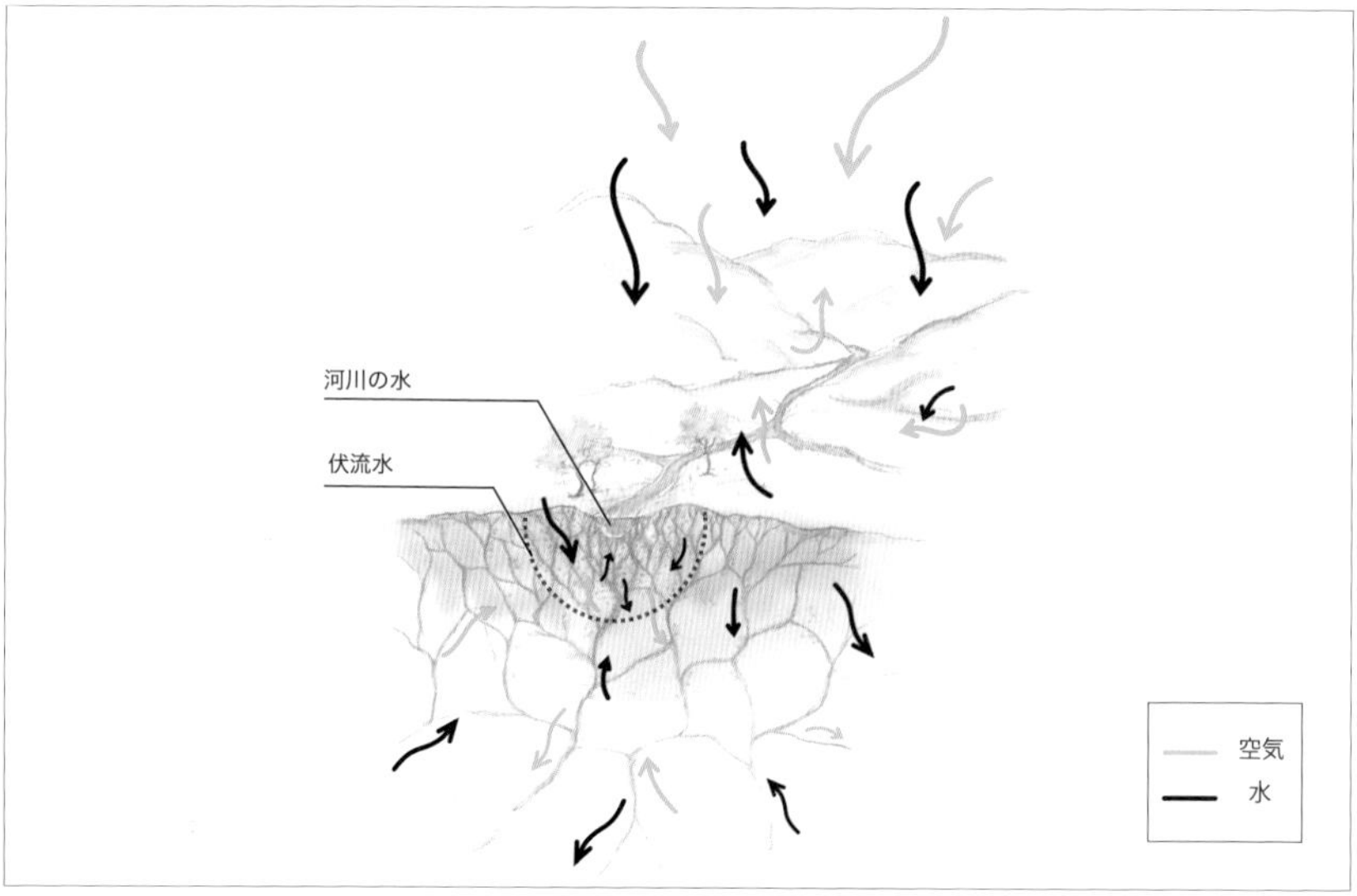

図版 2-10：健全な河川のイメージ断面図。目に見える地表部の流れの下に、はるかに大きな水量の伏流水の流れがある

でアクセス可能な渓谷において、いまだに河川本来の健康な状態を保っているという点で、日本では大変貴重な渓流だと言えるでしょう。

この渓流には、湧水豊富な清流にしか生息できないイワナを求めて、遠方からも釣りを楽しみに多くの人が訪れます。それは一方で、魚あふれる清冽な渓流が、全国的にほとんど見られなくなってしまったことを意味しているのかもしれません。

健康な川は、なぜ豪雨の後でも清流を保てるのでしょうか。

その鍵は、清冽さを保つ河川が有する膨大な伏流水の流れに理由があります。この伏流水の状態が河川の健康具合を左右します。（**図版2-10**）

上流域で浸透し、土中に貯水された水が伏流水となり、それが川底から湧き出し河川水となって、また伏流する。その繰り返しの中で川の水は幾度も浄化され、キラキラした透明度の高い青さを見せます。この湧き出しと伏流を繰り返す状態が保たれる時、流域の山々に降った雨の水は速やかに大地に浸透し、土中環境は安定し、周辺の森も健康な状態が維持されるのです。

健康な山に浸透した水は、多くの水は土中を通過し伏流水へと合流するため、豪雨の際にも濁りにくくなります。また、膨大な伏流水が地上部の河川と連動しているので、目に見える川幅よりもはるかに広い水域を有することになり、河川自体が水量調整機能を持ち、増水も起こりにくい状態が保たれるのです。

川が健康でなくなるプロセス

阿寺渓谷の周辺環境を見ていきます。渓谷の川岸の環境は、荒廃も見られますが、本来の豊かに調和した大地・森林の健康な表情が、今もそこかしこに見られます。（**図版2-11**）

土中環境の健康具合は、しっとりした岩の表情や植生、樹木の芽吹きや林床の状態に表れます。

阿寺渓谷も観光客増加とともに渓谷内での駐車場建設や治山・林道開発が加速していけば、いつまでこの青さが保たれるのかは分かりません。水脈が分断され停滞してしまえば、山も川も健康ではいられないのです。

図版2-12は、**図版2-9**と同じ日の阿寺渓谷が合流する木曽川本流の様子です。

降雨後、すぐに増水して幾日もその状態が続きます。極端に透明度のないクリーム色に濁った水がごうごうと流れます。上流域の河川において、クリーム色の濁った水の状態は、その上流域に貯水ダムなどの河川構造物があることを示します。

この木曽川上流域には、本流に木曽ダム、木曽取水ダムの他、支流に牧尾ダム、味噌川ダムといくつものダムが存在し、それが流域の山林や土中環境を本来の姿から大きく変容させてしまっているのです。

クリーム色の透明度ゼロに近い汚濁は、ダム底に堆積した土砂が、シルトという非常に細かな砂状の粒子となって、降雨の度に勢いよく下流部に流亡するために起こる現象です。

このシルトが川底を詰まらせ、伏流水と河川水を分断し、川全体の浄化機能や水位調整機能をも広範囲に奪っていくのです。

図版 2-11：かろうじて健康な状態が保たれている阿寺渓谷の川岸環境

図版 2-12：阿寺渓谷（図版2-9）が合流する木曽川本流（長野・木曽町）の様子。このように濁った状態が何日も続く

降雨後の河川の水量増加は、流域山林の貯水機能低下を表します。上流にダムができると、平時には河川流量が以前に比べて大きく減少します。当然、地下水も涵養されず、下流域で井戸や湧き水の枯渇や水位低下が起こります。

これはダムからの取水によることが理由とされますが、実際にはそれほど簡単な問題ではなく、流域広範囲にわたる、通気浸透機能の劣化のプロセスを見ていかなければなりません。

貯水ダムは膨大な水量を蓄えて、それが巨大な重量負荷となって川底を圧迫し、伏流水を停滞させます。それによって川底の湧水は徐々に衰え、減少していきます。そのため、平時の川の水量はダム建設以前に比べて上流でも下流でも減少します。

水量の減少はダムの貯水や取水によるものと思われていますが、それだけではなく、川底の湧水の減少が大きく影響しているのです。

一方で、大雨の際、川はすぐに増水して、ダム建設前に比べて泥の流入も想定以上に増えてしまいます。

図版 2-14： ダム式の溜池と周辺山林の様子。深い根を必要とする松のような樹種が真っ先に枯れている

図版 2-13： 上流域のダム（「二津野ダム」奈良県）の水は、導水管で水力発電所に誘導される（「中津川第二発電所」奈良県）。発電所を境に、川の水は大量のシルトを含んでクリーム色になる

その理由は、ダム建築による水脈遮断と、それに伴う流域山林の貯水機能の低下にあるのです。ダム建設後の流域上部の山林では、水の浸透性が衰え、土壌は構造を壊して目詰まりを起こし、大雨の度に表層流が泥と共にダムに流れ込む、不安定な環境へと変貌していきます。川の生物にとっても好ましくない状況に変わってしまうのです。

図版 2-13 は和歌山県熊野川中流域の水力発電所で、上流域の貯水ダムから導水管を通して送水されてきた水を落とし、タービンを回し、発電しています。水力発電所がある場所から水の色が変わり、膨大な量のシルトが流亡している様子が、はっきりと分かります。

水力発電所では、ダムの水を落とすことでタービンを回して発電していますが、それが下流部に恒常的にシルトを流し続けることになるのです。

川の上流域では、周辺山域からの湧き出しによって河川の浄化が繰り返されます。ところが、シルトが堆積して川底が閉塞されると、山から河川への湧き水が徐々に衰えていき、同時に、流域山林全体において、水が土中や岩間に染み込まずに、大雨の度に地表を流れ落ちる状態へと変貌していきます。

大地に染み込むことなく林床を流れる水は、さらに地表の微細な空隙を泥詰まりさせて、上流域の山林において降雨が浸透しにくい状況を招き、そして森林の衰退、劣化へとつながっていきます。最終的には下流域の山林にまでつながって、広域に影響を及ぼしていく……。これが流域環境崩壊のプロセスです。

川の健康状態は周辺環境にも影響する

図版2-14は京都府のダム式の溜池と、周辺山林の様子です。流域の環境を保ってきた、深い根を必要とする松のような樹種から真っ先に枯れています。湖水は濁り、泥詰まりが進み、流域の環境は、ダム建設前の健康な状態に戻ることはありません。やがて山は貯水機能も水源涵養機能も徐々に減じて、崩壊に至る。それが自然の作用というものなのでしょう。

水脈遮断の影響は一定の時間差を経て周辺環境に表れます。

その荒廃の程度やスピードは、その流域の持つ環境の状況やポテンシャルによって異なりますが、自然の回復力も急速に劣化している今は、こうした影響がより早く、しかも顕著に表れるようです。

河川の崩壊はまた、周辺の木々や森の表情をも変えていき、その地の心地良さも奪い去っていきます。

流域における通気浸透水脈環境を乱していく要因は、貯水ダムに限らずさまざま挙げられます。要因を分別すれば、構造物建造などの人為的要因と、自然現象による変化（噴火・地震による土砂ダムなど）に伴う要因とに分けられます。

人為によるものについては、その崩壊のプロセスが認知されれば、自然環境が安定していくように対策することも十分可能です。

だからこそ、人工構造物がどのようなプロセスで自然環境を崩壊させていくのか、まずはその仕組みをしっかり知ることが、今、大切なことと言えるでしょう。

図版 2-15：砂防堰堤群（神奈川・箱根町）

03
土石流と大地の自律的な環境再生プロセスから

近年、毎年のように大規模な土石流により、多大な人的被害が発生しています。谷筋に沿って、土砂と共に高速で巨石まで押し流していく土石流のエネルギーはとてつもなく大きく危険で、ひと度人間の生活域を直撃すれば、その被害は甚大で深刻なものとなります。

ここでは、その発生メカニズムすら解明されていない土石流について、実際の事例を元に、見えない土中で何が起こっているのかを解説します。

砂防ダムと治山ダム

土石流に対する現代の予防的対策として、一般的には砂防ダム（**図版2-15**）、そして上部の山林域には治山ダムといった堰堤《えんてい》がつくられます。砂防ダムと治山ダムは、規模は異なりますが構造も機能も同じ。しかし管轄と目的によって名称を異にします。山林の安定を目的とした治山ダムは林野庁管轄で設置され、防災を目的とした砂防ダムは国土交通省管轄で行われます。

いずれも沢筋にコンクリート重量物で堰を築き、そこに流亡土砂がせき止められて溜まることで、自然の沢筋に、段々状に平坦な部分がつくられていきます。そこで土石流の勢いが弱まり、堆積して下流域への流亡や破壊のエネルギーを減じるというのが、砂防・治山ダム（堰堤、床固工含む）の考え方の根本です。

こうした砂防目的の構造物は、谷筋を流下する土砂をせき止めるという点で効果があることは事実です。しかし、これらの構造物は土砂の流亡の発生そのものを防止または緩和するという視点はもともとないのです。

砂防ダムや治山ダムが山地の地下水脈と連動する谷筋に土砂を堆積して水脈の湧き出しをせき止めてしまうため、流域における土中の滞水は広範囲に及ぶことになります。それがやがて大きな崩壊を引き起こすことにつながるリスクを内在するということを、これまで述べてきました。山地における本質的な減災・防災のために、水脈と連動する流域環境の変化について、視点を向けていく必要があります。

こうした砂防・治山ダム（堰堤の高さが15m以上のものをダムという）は現在、全国で数十万基存在すると言われています。

気候変動が深刻化し、山の環境も加速的に傷み続ける中、日本においても今後ますます土砂崩壊や水害は増すことでしょう。そんな中、果たしてこれまで通りの災害対策を繰り返すだけでよいのでしょうか。今こそ、視点を広げて検証し直してみることも必要なのではないかと思います。

ゴルフ場に見る土石流の爪痕が意味するもの

起こるべくして起こる土石流は、自然の摂理を私たちに教えてくれます。その発生プロセスを実際の事例を元に、流域の水脈環境から解説します。

図版2-16・2-17は八ヶ岳山麓のゴルフ場です。2018年10月、長野県を縦断した台風に伴い、八ヶ岳南西麓の切掛沢で大規模な土石流が発生し、このゴルフ場に押し寄せました。幸い人的被害はありませんでしたが、麓に運ばれてきた大量の岩は、一夜にしてゴルフ場の風景を一変させました。

土石流は、上部の急傾斜の崩壊を引き金に、下流部まで断続的に、一本のラインで谷全体をえぐり、傾斜が緩やかになる山麓のゴルフ場に大量の岩を残していったのです。それだけでなく、ここに地割れのような一筋の溝だけをきれいに残していきました。

この新たな溝を横断する黒いパイプは、数十年前のゴルフ場造成の際に敷設された暗渠管です。地形を人工的に改変する際、土中の滞水を除くために一般的にこうした有孔管を地下に張り巡らせますが、こうした処理も、自然の揺り戻しの力の前には無力でしかありません。

土石流は、「傾斜の急な上部の崩壊に始まり、谷筋を流れ落ちる土石が雪だるまのように膨らみ、下部の谷を削りとって流下する現象」というイメージがあります。実際、地上部だけを見ると、それも間違いではないでしょう。

しかし、このゴルフ場に堆積した膨大な岩と、細い一本のラインに見事に掘られた溝を見ると、これは単なる泥と土石の流れによる浸食ばかりでなく、同時進行しながらも、地下ではまた別の動きが起こっていることが想起されるのです。

それにしても、これだけの石を置いていったのですから、相当な土砂があふれて流れ去ったことでしょう。それなのに、この土石流がここで掘っていったのは、細溝一本だけなのです。広い範囲に巨石が流れつき、泥流は越流したというのに、掘られたのはたった一本の溝だけという奇妙さ。このことから、土石流という

図版 2-16：2018年10月、長野県を縦断した台風により八ヶ岳南西麓で発生した土石流の爪痕

図版 2-17：ゴルフ場から土石流のラインをさかのぼると、一本の筋状に、谷底が深さ１～３m程度、えぐられるように深まっていた

現象の本質が垣間見えます。

土石流を根本的に理解する視点

ゴルフ場から土石流のラインをさかのぼります。一本の筋状に、谷底は深さ1～3m程度、えぐられるように深まっています。概して土石流という現象は、大量の巨石をいとも簡単に押し流すほどの膨大なエネルギーでなだれ込んだにもかかわらず、周辺山域を広域で崩壊させず、きれいに一筋の谷筋だけを深めるようにえぐっていくところに特徴があります。

谷筋が深まれば、それだけ、周辺から土中の水と空気が抜けていきやすくなります。それにより、流域の水と空気の停滞が解消に向かうのです。土中の通気浸透性が高まれば地形も安定する。これは第1章04（**27頁～**）で述べたとおりです。

つまり、見方を変えれば、土石流の現象は流域全体における通気浸透水脈の停滞が起こることで、それを解消し大地を安定させようとする、自然の作用と言えるのではないでしょうか。

図版2-18の赤線部が２０１８年10月の台風で発生した土石流の通過ラインです。

台風に伴う豪雨の際、この土石流は、八ヶ岳連峰の主脈稜線直下の斜面崩落に端を発して生じました。土石流発生後ですが、遠望すると、大規模な土石流であったにもかかわらず、周辺の様子はまるで何事もなかったかのようです。

地滑りや斜面崩落の場合は、その後もしばらくは降雨の度に、崩壊が広がるケースが多いのですが、土石流の多くは、発生時に側面の斜面崩落を伴わず、神業のごとく谷筋だけを削るのです。（**図版2-19**）

実は、集中豪雨に伴う土石流発生の物理的なメカニズムは、いまだに解明されていません。その理由はどこにあるのでしょうか。

理由の一つに、メカニズム解明のための実験は、複雑で見えにくい地下部の状況を無視し、実験施設に設けられた滑り台に土砂を流して行うという、自然界にあり得ない架空の環境で行われていることがありま

図版 2-18：土石流の通過ライン（赤線部）

図版 2-19：地滑りや斜面崩落と違い、土石流は谷筋だけを削っていく

す。また、その結果分析は、モーメントの計算と計量に委ねられます。これが現代科学、現代土木技術の限界、つまり自然を総体として見ることなく、個別に因果関係を限定して実験を繰り返し、結局、土石流の物理的メカニズムの解明には至らないのです。

　そこからの発想は、砂防ダム建設といった力学的な方法で表面の土砂の流下現象をせき止める、ということになり、それは不完全で副作用を伴う工法や構造物でしかありません。つまり、短期的に土砂の流れを食い止めてその動きを押えることはできても、長期的には自然環境の健全な機能を妨げ、災害の広域化を招きかねないのです。

　このような発想の限界を超えていくためには、視点を広げる必要があります。そこでいま一度、自然に対する経験的な智慧の積み重ねと総体的な視点を、私たちは先人たちから学びなおす必要があるのではないでしょうか。

「土石流」という言葉が一般的になったのは数十年前のことで、江戸時代以降１９７０年代前半くらいまでは、「山津波」という呼称が一般的でした。それより以前、中世の記述では、「蛇落《じゃらく》」「蛇崩《じゃくず》れ」という呼称が出てきます。この呼称に土石流の本質をとらえるヒントがあります。

　また、川や水はよく龍に例えられ、水の湧き出しに龍神を祀ったことにも、自然の仕組みに対するヒントがあります。

　山津波は、津波になぞらえた、「波によるエネルギーの伝達」を表します。つまりこの言葉は、「上から下への土石の流れ」というとらえ方ではなく、谷筋地下部における波状のエネルギーの伝達を想起させます。同時に「蛇落」「蛇崩れ」という言葉にも、川への総体的で深い解釈を感じます。

　古来、細長くつながる谷や川は、形状的にも蛇や龍に例えられてきました。川を単なる水の流れる道というとらえ方ではなく、川一本が龍のごとく、一体として連動するものという見方です。この視点に、土石流を根本的に理解するヒントがあります。

先人たちの体系的で現実的な自然認識

土石流の現象について、先人たちがこれを、蛇や龍のような一匹の生き物や、波状のエネルギーととらえたその視点に立ち返って、見えない地下部分で、どのような作用が働いているのか、これまで科学的に説明できなかった部分について、事実を元に推測していきます。

図版2-20の赤線部は土石流の通過したラインです。山頂部で始まった土石流は5つの治山ダムを乗り越えてゴルフ場に至り、ここに大量の岩を置いていきました。その後、横断道路の下部で、いったん収まったかのように、土石流は消えて（**図版2-20**、赤い点線部分）水だけが越流していきます。ところが、その下流域でまた、土石流が発生しているのです。

この現象から読み解けるのは、土石流の流下ラインは上部と下部との2カ所を起点としていますが、地下部に共通する一本のラインが存在するのではないかということです。また、土石流が緩傾斜部分でいったん消えたように見えながらも、その流路下の急傾斜でまた起こっていることからも、見えない土中で連動していたことが想像できます。

この土石流は、一般的には、上流部と下流部の2カ所で別々に発生したとされています。しかし、このような土石流を「蛇落」や「山津波」と呼称した先人たちは、現象を別々のものとはとらえず、上流から下流までを一匹の蛇（龍）に見立て、それがするりと滑りぬけてきたととらえていたのではないでしょうか。

水と土砂の停滞に伴い、それらが上流から下流まで一本でつながった時、膨大な重量とエネルギーを有する長大な水柱が川底に生じることになります。それが見えない地下でゆっくりと滑り落ちて抜けてくる。古の人たちはそんな風にとらえていたと考えられるのです。

このことは、蛇の尾っぽを掴んで下に引っ張ってみたら、どのように滑るのかをイメージしてみると分かりやすいかもしれません。普段はおとなしくても、ひとたび首をもたげると、巨大なエネルギーでのたうつ大蛇や龍のような変幻自在の存在。先人たちは水の流れをそのように感じて、土石流を「蛇落」などと呼称していたのだと考えられます。

地上部で起こる土石流ラインの下にも、龍のように一つにつながったラインがあり、そのライン全体が振動しながらゆっくりと滑る動きを生じさせていると考えると、さまざまな現象が説明できます。

豪雨により地下に生じた帯状の流動体は、川底の摩擦や反動で、やがて龍の体がのたうつように波打ち始めます。それが直下型地震のような振動となり、その

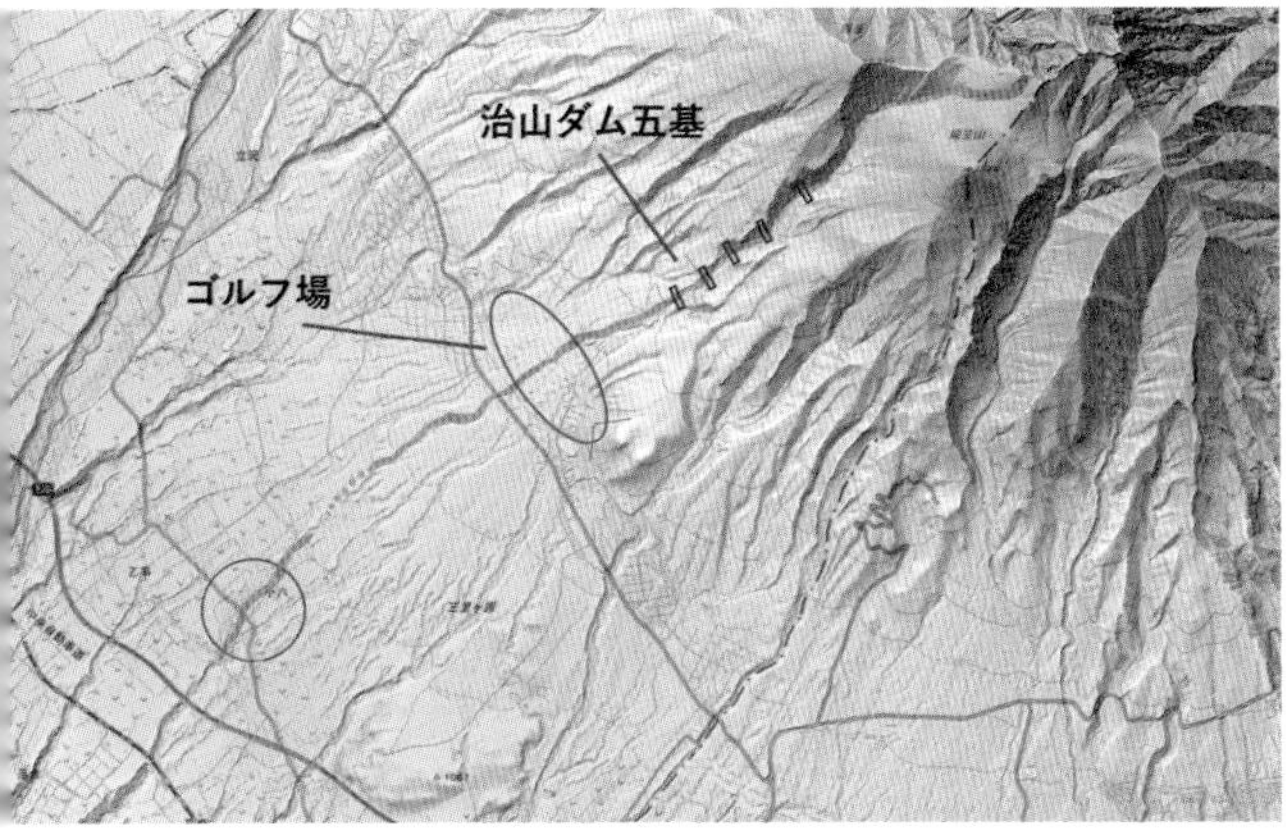

図版 2-20：踏査による概略の推定図（赤線部が土石流の通過ライン）

図版 2-21：ゴルフ場を土石流が通過したライン。アスファルト道路が地面の下から突き上げられ、波打つように隆起している（撮影／黒岩牧子）

波が伝播して谷筋に高速で伝わるのです。その振動が、滞水した川底で、水柱としてつながって動き始めた箇所に波として伝わり、そのラインだけが液状化し、川底を振動させながらゆっくりと流下します。そのラインに沿って、地上部の土石流が誘導される……、そう考えると、この現象が理解できます。

図版2-21は先のゴルフ場における土石流が通過したラインです。アスファルト道路は、地面の下から突き上げられ、波打つように持ち上げられています。これは地上部の土石流や越流だけでは説明できない現象です。しかしこれを、地下に波状の振動が走り、活断層における直下型地震のようにその土石流ラインを持ち上げていったと考えれば、ごく自然に理解できるのではないでしょうか。

さらに、一旦消えた土石流のその下流でまた、龍が首をもたげるように土石流が始まる現象も、地下部で一本の液状流動が連動していると考えれば、理解できることでしょう。

長く伝えられてきた古来の自然認識は一見非科学的なようですが、実はその奥に、本質を的確にとらえた体系的かつ現実的な認識が必ずあるのです。

土石流発生1週間後の治山ダムと谷筋

1960年代、山麓のリゾート開発に伴い、土石流予防のために切掛沢に5つの治山ダムが設置されました。2018年に発生した土石流は、この治山ダム群を軽々と乗り越えて、下流域に大量の土石を押し流しました。切掛沢の土石流は、治山ダム設置後の1980年代にも発生しています。それ以前にも土石流発生の記録があり、ここは元々、地形地質的にも土石流が起こりやすい谷筋だということが分っています。

こうした谷筋に手を加える際は、土中の水の流れを滞らせないための配慮が大切になります。それを怠ると、甚大な自然災害につながるなど、手痛いしっぺ返しが待っています。

現代のように大きな機械力のなかった時代には、こうした自然の作用に対して、土圧や水圧を力任せに抑え込むのではなく、自然が自ら安定していくような配慮や工夫がなされてきました。

高度経済成長期に入り、山麓の開発に伴い、河川や谷筋において大規模な河川工事や治山ダム、砂防ダムが次々とつくられました。人間による技術の発展と経済成長がすべてを克服して、明るい未来を築くと信じて疑わなかった当時、自然界の現象に対しても人間の意のままにコントロールできると考えたのは当然のことです。

しかし近年、こうした自然環境に対する文明社会の慢心が、生態系の劣化などの環境問題や自然災害の広域化など、さまざまな問題を引き起こすことが分かってきました。だからこそ、これまでの対策が本当に良かったのかどうか、視点を変えて見直していくことが急務であると感じています。

谷筋の土砂堆積や治山ダム等の重量構造物の設置は、流域全体の通気浸透水脈の停滞を招きます（**図版2-22**）。環境の荒廃は、山林の貯水機能、通気浸透機能の劣化に伴い、湧水の減少や枯渇、汚染という形で表れます。

かつての切掛沢には清冽な水が流れていて、水の名所と言われる箇所がいくつもありました。しかし治山工事の後、数年後には、普段は水が消えてしまう涸沢となり、一方で、豪雨の際は濁流が激しく流れるという不安定な谷となってしまいました。（**図版2-23**）

砂防ダムや河川護岸工事などが行われると、水量が減少したり、井戸が枯れたりすることは、関係者の間では周知の事実です。その理由が、通気浸透水脈の停滞による、流域全体の水源涵養機能の著しい劣化に起因することは、あまり知られていません。

豪雨後、治山ダムの下は、より深く川岸がえぐられます（**図版2-24**）。ダムを越えてくる土石の落下の力が、川の呼吸不全の箇所をえぐっていくようにも見えます。こうして谷は自らの力で停滞した川底をえぐり、再び健全な通気浸透環境を取り戻そうとします。そうしないと自然は安定しないからです。安定状態に達するまで、自然は淡々と土砂を押し流し、川をえぐり続けます。

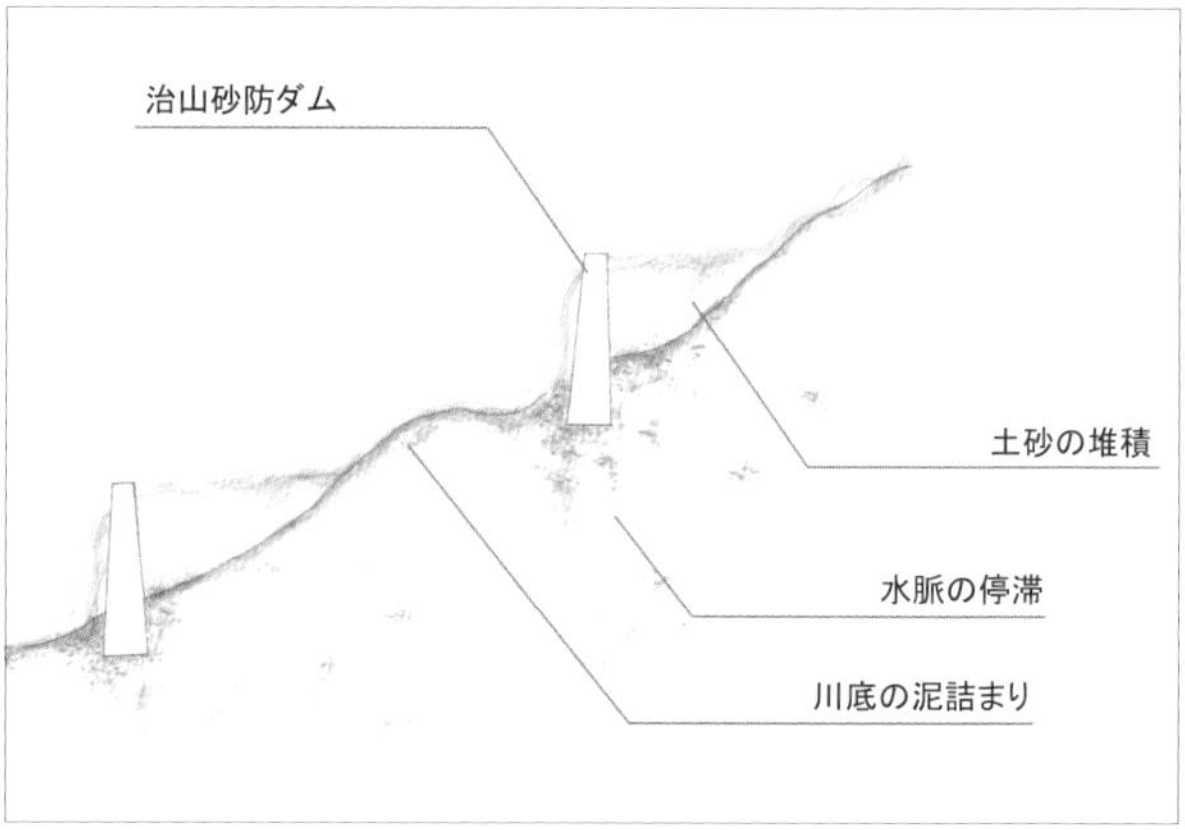

図版 2-22：谷筋の土砂堆積や治山ダム等の重量物設置による流域全体の通気浸透水脈への影響を表したイメージ断面図

図版 2-23：豪雨後の切掛沢と治山ダムの様子

図版 2-24：治山ダムの下ではより深く川岸がえぐられる

河川の機能低下が引き起こす森林の劣化

河川の機能低下による土中環境への影響は、流域の山林を歩いて観察すれば、一目瞭然です。

何らかの原因で谷の呼吸が停滞すると、数年から十数年程度のタイムラグを経て、森林は衰退していきます。森林の不健全化の症状は、まず高木の幹折れや根返りとなって現れます（**図版2-25**）。こうした山林では林内の中木低木まで傷みが進行し、枝折れ、そして林床のコケや腐植も消失してしまい、通気浸透不良をきたしていることが分かります（**図版2-26**）。砂防・治山ダム上流域の奥山でよく見られるのが、こうした林床植生の消失、単純化、そして表土の流亡です。（**図版2-27**）

こうなると当然、水は山に染み込まずに、豪雨の際は土砂を谷筋に流し込みます。ますます谷底は詰まっていき、それが、さらなる土石流のエネルギーをため込む要因となるのです。

河川が上流から下流まで一体であるのと同様に、山と谷も一体であり、それをつないでいるのが見えない地下の水の動きと言えるでしょう。

河川の健全な呼吸が再生されるためには、堆積した土砂を押し流して川底がより深くえぐられる必要があります。川底が深まれば、その落差で周辺山林の土中において、川底への水と空気の押し出しもより活発になるからです。そのため、河川はこの急傾斜と泥水の力を生かして川底を深めようと働きます。それが土石流という現象となって現れるのです。

しかし、どれほどの大規模な土石流であっても、通常、谷の伏流水停滞の最大の原因である治山ダムまで押し流すことはできません。ところが、２０１８年の切掛沢における土石流は、この治山ダムの底をえぐっていったのです。（**図版2-28・2-29**）

ここで地形の安定を阻んでいる最も大きな要因が治山ダム等の人工構造物であるとすれば、今回の土石流は、その弊害を取り除こうという自然の作用と言ってもよいでしょう。

土石流に伴う川底や川岸の掘削によって、治山ダムが破壊されることはなくとも、川の呼吸は再生され、

図版 2-25：河川の機能低下による流域の山林荒廃の様子

図版 2-26：谷の呼吸が停止してしまうと林床は中低木まで傷みが進行する

図版 2-27：砂防・治山ダム上流域の奥山でよく見られる、表土が流亡し荒れた林床

周辺の山林も山の貯水性も、ここから大きく改善に向かうことでしょう。

　これを放置することでやがてこの沢は、豪雨時の土砂流出量も緩和され、長期的には災害の軽減につながることになるのです。

　しかしながら現代社会において、土石流が麓に押し寄せた場合、「何も対策しない」ということは、まず考えられません。

図版 2-28：土石流にのみ込まれた切掛沢の治山ダム

図版 2-29：土石流により基礎がえぐられた治山ダム

河川の通気浸透性を保全、再生する かつての土石流対策の例

　では、どのような対策をすれば良いのでしょうか。かつての川の造作を参考に、土中環境の回復を妨げない方法として、以下のような対応が考えられます。

　まずは川筋に沿った地形の変わり目の緩やかな部分で数ヵ所、沢の堆積を掘削してプールをつくります。

そこを土石の下流域への流亡を受け止め、緩和する場所とします。それだけでなくこの深みはさらに川底の空気と水の湧き出し口となり、流域からの土中の水も動きが活発になります。それが流域における土中構造の安定、通気浸透水脈の再生につながり、やがては河川においての平時の水量を増し、同時に豪雨時の増水が軽減されていきます。

こうして、通気浸透水脈を遮断せずに、さらなる豪雨による土石流の緩和措置を取りながら、山林の回復具合を経過観察します。

土石流によって河川の呼吸環境は確実に回復しますが、他に何か水脈再生を妨げる要素があれば、回復は当然、遅れます。その際は、土壌を硬化させる原因を見つけ出して、改善する必要もあります。

通気浸透性の回復は、林床植生や表土の状態、樹木の枝葉や幹の状態観察によってすぐに分かることです。流域の浸透貯水性の回復が進めば、谷は恒常性と安定を徐々に取り戻し、大雨でも増水しにくく、泥水の流亡も軽減されてくるでしょう。

かつての土石流対策の一環として、掘削した土砂溜めの周囲で、比較的河川傾斜の緩やかな箇所に、川底の岩盤に穴をあけて丸太を立てるといった造作もまた、昭和初期くらいまで普通に行われていました。**（図版2-30）**

出水の際にはこの丸太に流木や枝葉が絡んで、それが土石流を緩和するクッションになるのです。その後は絡んだ枝葉が川魚の住処となり、豊かな漁場をも同時につくっていました。

矛盾のない造作を何気なく行ってきた先人の智慧には脱帽するほかありません。

こうした自然の安定作用を視野に入れない現代の対策では、土石流による治山ダムの底抜けを損傷とみなして、さらに大きな河川工事を施して押さえ込もうとします。これがまた、山林の貯水機能に影響し、流域全体の森としての安定も豊かさも奪っていく、それが将来の禍根にもなりかねない点をしっかりと考えなければなりません。

流域環境の健康なくして本当の意味での暮らしの安

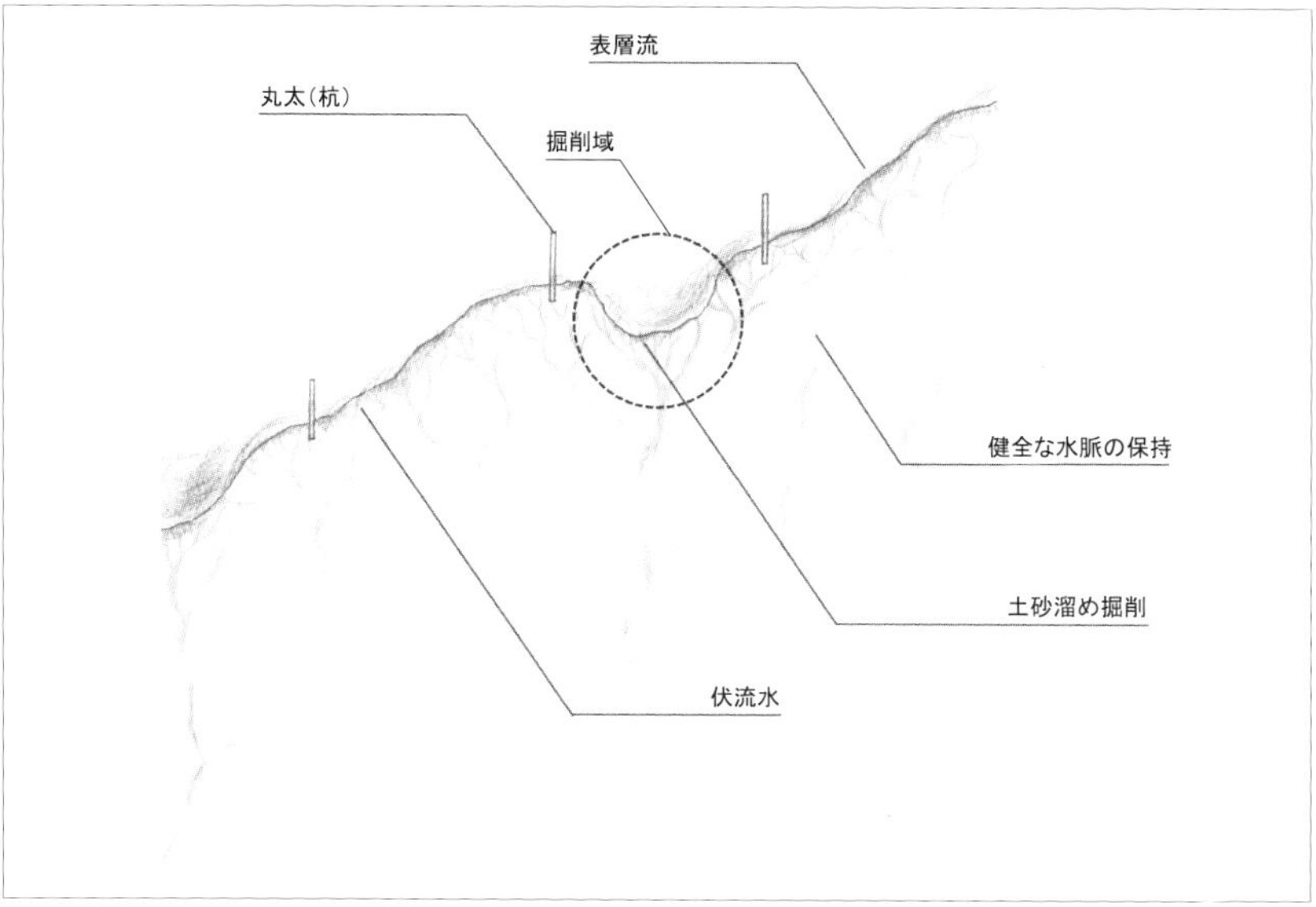

図版 2-30：河川の通気浸透性を保全、再生するかつての土石流対策の例

全はありえません。もちろん、土石流は造山運動や地震等による水脈の変化など、自然現象の中でも起こることであり、すべてが人工構造物によるものではありません。しかし、現代の人為的な構造物が、流域の通気浸透環境の健康を悪化させる原因となっていることも事実なのです。

その流域の健康を治山や防災目的とした河川構造物によって損なうのであれば本末転倒であり、長期的な視点で見直す必要があるでしょう。

気候はますます荒れ、思ってもみなかった災害が今後頻発するであろうことは、誰しも予想していることではないかと思います。

そんな時代にあって、これまでの防災対策のように表面的な対処ではなく、長期的で根本的かつ本質的な視点に立って、国土の安全を対策していかねばなりません。

今こそ自然の摂理を学び、それを軸とした技術体系を見直す時ではないかと思います。

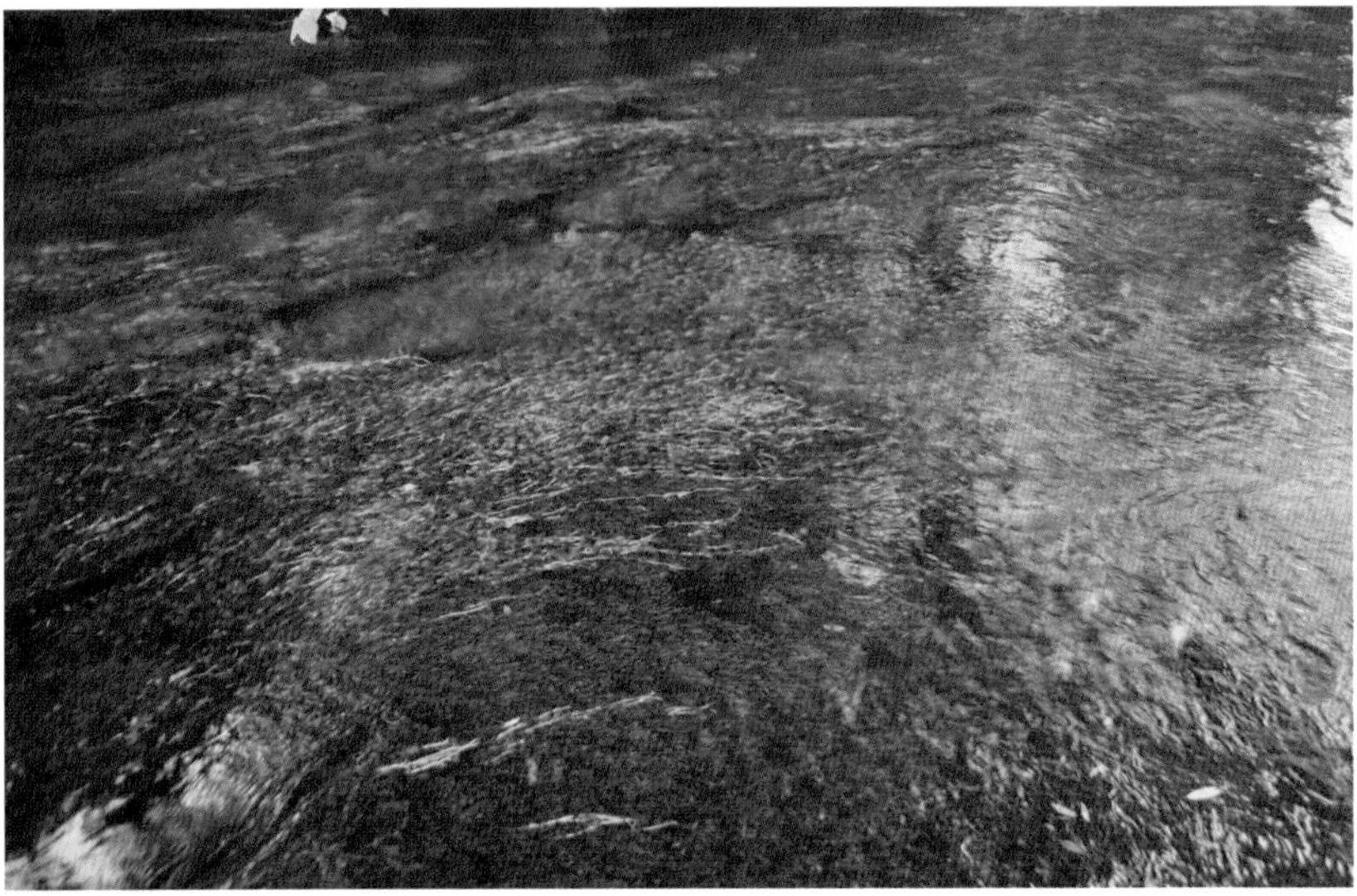

図版 2-31：上高地の清水川（長野・松本市)。清流にしか見られない梅花藻が繁茂し、さまざまな生き物が生息する

04 水の力 ～その変化がもたらすもの

見えない部分で無限の要因が絡み合って成り立つ自然の摂理は、計量化や理論化（＝定量化）ができていない部分がほとんどです。定量化の試みはもちろん大切ですが、同時に現実の事象を観察し、そして想像力をもって体感的に感じ取って補うことも必要だと考えます。

ここでは、分析だけでは現れてこない「水の力」について見ていきます。

自然の循環＝微生物による分解消失

図版2-31の水中の緑は、清流にしか見られない、梅花藻《バイカモ》です。こうした藻類は水流に揺らぎ、水の勢いを優しく緩め、小魚や稚魚、水生昆虫に安全な住処や餌場を提供します。そのため、こうした水中の藻に共生するたくさんの魚が見られます。

森の中を流れるこうした川には、大量の落ち葉や虫や小動物も流れ込みます。それらは代謝の中で排泄もし、遺骸も川に流れます。それでも健康な渓流は、艶のある透明度を失うことなく、落ち葉や動植物の遺骸も腐敗せず、きれいに分解されて自然の循環の中に還っていきます。

一方で、同じく北アルプス・穂高連峰から湧き出す水であっても、水の動きが土中で停滞して健全な通気浸透環境が壊れてしまえば、水は有機物を分解のサイクルに誘導する力を失います。そうなると、有機物は分解されずに残留し、やがて酸化、腐敗し、微生物バランスも崩れていきます。（**図版2-32**）

有機物が豊富に残留している状態を、一般的に「富栄養」状態と言いますが、これは栄養豊富という意味ではありません。微生物の代謝の連鎖により、有機物の分解消失の健全なサイクルが途切れてしまい、残留物が残り、それが酸化や腐敗している状態を指します。

現在、水質検査において用いられる基準の一つに、ＣＯＤ（化学的酸素要求量）やＢＯＤ（生物科学的酸素要求量）というものがあります。こうした表面的で計量可能な要素を拾い上げる分析結果が示す数値は、いずれも酸化（酸化分解）に伴う酸素欠乏のスピードであって、水中における物質の分解消失のスピードではないのです。つまり、水に力があればpH値の偏りもなく、酸素欠乏も起こさずに平衡状態を保ちながら物質をすべて自然に還して循環していきます。酸化分解は、そのサイクルが保てず、平衡状態を失った状態であり、ＣＯＤやＢＯＤは、そのサイクル崩壊の指標の一つと言えます。

水に有機物をきれいに分解する力があれば、多様な生物循環の連鎖の中で平衡状態が保たれます。そこでは特定のプランクトン増殖という不自然な現象は広がらず、酸欠にならず、自然の中に還して（消失して）いけることは、環境中で起きている事実が示しています。

この水の力については、現代の科学技術において明確に定量化する手法は、今のところないと言ってよいでしょう。理論的に説明できないものであっても現実が示すことを謙虚に受け止めながら、確かな自然認識をつくり上げてきた先人の姿勢を、われわれは取り戻す必要があるでしょう。

いのちの循環を担う「水の力」

健全な伏流水を保つ清流には、健全な河畔林が育ちます（**図版2-33**）。こうした健康な生きた水の中では、木々の根も水の中で太くなり、生き生きと伸長していきます。

図版2-34は湧水箇所の水中に集中する樹木根です。こうした力ある水の中では樹木の根も呼吸を絶やすことなく、このように水中に伸びていくことができます。

ところが力のない水では、樹木の根はそこに浸かっているだけで、長く生きることはできません。これは、花瓶に生けた花の寿命が、その水によって全く違ってくるのと同じです。

また、昔ながらの方法で行う酒や味噌、醤油などの発酵を扱う際にも、水が力を失えば味も変わってしまい、発酵の力強さも失われてしまうことが体感されます。

しかし、それらは決して単なる成分分析で示せるものではないのです。

いのちの循環を担う水の力によって成立する河畔林は、一旦水が変化すると一気に崩壊する事例もよく見られます。

奥上高地にある穂高神社奥宮の神域、明神池でも、泥詰まりなどによって湧水が衰え、水の艶が失われると同時に、水中に根を張ってきた木々の枯死が加速して進行しています。（**図版2-35**）

透明な清流と、透き通る湖面に浮かぶ岩島に根を張る木々の景が、長い間、この地を訪れる山人たちを魅

図版 2-32：上高地の焼岳山麓にある湧水停滞の様子

図版 2-33：健全な河川には健全な河畔林が育つ。上高地の清水川

図版 2-34：湧き出し箇所の水中に集中する樹木根。力のある水の中では樹木の根も呼吸を絶やすことなく伸びていく

了してきたのですが、その光景もいつの間にか過去のものとなってしまいました。明神池周辺の環境の悪化が加速したのは、この10年足らずのことです。水の変化は、そのまま周辺環境の劣化に直結することが分かります。

そして水は境目なくつながって循環するため、その影響は流域全体にじわじわと広がります。

図版2-36は明神池に流れ込む小川の水です。土中滞水して菌類などの微生物環境のバランスが著しく崩壊すると、そこから染み出す水は腐敗しやすく、有機物を健全に分解する力はなくなり、残留成分が腐敗して濁り、悪臭を放ちます。

魚介類の遺骸などから染み出す脂分も分解されず、ますます特定のバクテリアばかりが異常増殖して、水中の岩に赤みを付着させます。これは土中の鉄分を吸着して酸化させる鉄バクテリアの異常増殖によるものです。その原因について汚染成分の流入がどこかにあるとの前提でさまざまな分析が試みられてきましたが、これもいまだ根本的な結論は出ていません。

鉄バクテリアの異常増殖について、専門家がよく言うことは、「土中の鉄分が多いと増殖する」ということです。ではなぜ溶存鉄分が増えるのでしょうか。自然の摂理から見ていかなければならない部分については、なかなか考え及ばないようです。

こうした箇所も、小川の底に穴を掘って清冽な湧水を掘り出すことができれば、この赤い濁りは解消されるのです。この事実は、湧水の持つ力によって、酸化を伴わない円滑な分解消失が進むことを示唆しています。

水がいのちの循環を再生する力を失えば、汚染源がなくとも、微生物の環境はバランスを崩し、周辺環境を酸化、腐敗させていき、生態系のバランスを崩壊させていきます。

水の力ひとつとっても科学的になかなか解明できないように、自然界で起こることは、現代の分析的な手法一辺倒では、解明できないことばかりなのかもしれません。しかし、その部分に、体感的に感じ取るほかはない自然の摂理があるのです。

図版 2-35：急激に環境が悪化する奥上高地の明神池（長野・松本市）

図版 2-36：明神池に流れ込む小川の水。土中環境が悪化して微生物環境のバランスが著しく崩壊した様子

生きた水と生きた大地

川底から湧き出す力のある水はキラキラと輝き、そして石の下に湧き出す清冽な湧水のもとで、清流に生きる川魚の卵は孵化します。この生きた水が保たれる限り、周辺の木々も健康に息づき、その環境での豊かな循環が保たれます。**（図版2-37）**

水の力は、生物の絶え間ない循環を担う要であって、その力を失い、再生されないほどに進行すると、環境もまた急速に崩壊して姿を変えていきます。

自然界のいのちの循環と再生を担う水が持つ「力」を保つこと、これは環境全体の健康を決定的に左右していきます。

水が健康な大地と力ある水を育み、そして力ある水がまた、健康な大地を保つのです。

自然界は、人間の頭脳では結論できないことであふれています。それが、始まりもなく終わりもない、無から有が生まれて循環する自然そのものの摂理なのではないでしょうか。

図版2-37：上高地を流れる梓川。力のある水はキラキラと輝き、いのちを育む（長野・松本市）

第3章

暮らしを支える海・川・森の循環

01

信仰に守られてきた大地の水循環
～弘法大師の足跡から

河川や海の水は、川底あるいは海底からの湧き水によって、汚染の捕捉・分解・浄化が繰り返されます。大地という巨大な浄化活性装置を通過した水は、まるで息を吹き返すように、落ち葉や動物の遺骸、有機物残渣をも腐敗させることなく、きれいに自然界の循環の中に還していきます。

水脈上の要にある「弘法水」

図版3-1は愛媛県西条市、瀬戸内海の埋め立て地の港湾です。遠くに見える山々は、霊山として名高い石鎚山系です。

かつては田畑が広がっていた海岸平野も、今は工業地域や市街地と化し、海も河川もコンクリートで護岸がなされていながらも、この地域の水は今もなお、比較的良好な透明度が保たれています。

清冽な湧水の街として有名な西条市の地下水は、はるかにそびえる石鎚山系から来ているということは、地元で長く暮らしてきた方々なら、誰しも感じていることでしょう。

この港湾の一角に、「弘法水」と呼ばれる、湧水があります（**図版3-2**）。名前の通り、弘法大師 空海が、海底を杖で突いたところ湧き出したと伝えられることから、この呼び名が付けられました。

港湾内の海底で自噴する弘法水は、水鉢の底へと誘導されて、そこで清冽な水が今も湧き続けています。

図版 3-1：瀬戸内海の埋め立て地の港湾。この一角に「弘法水」（愛媛・西条市）が湧き出す

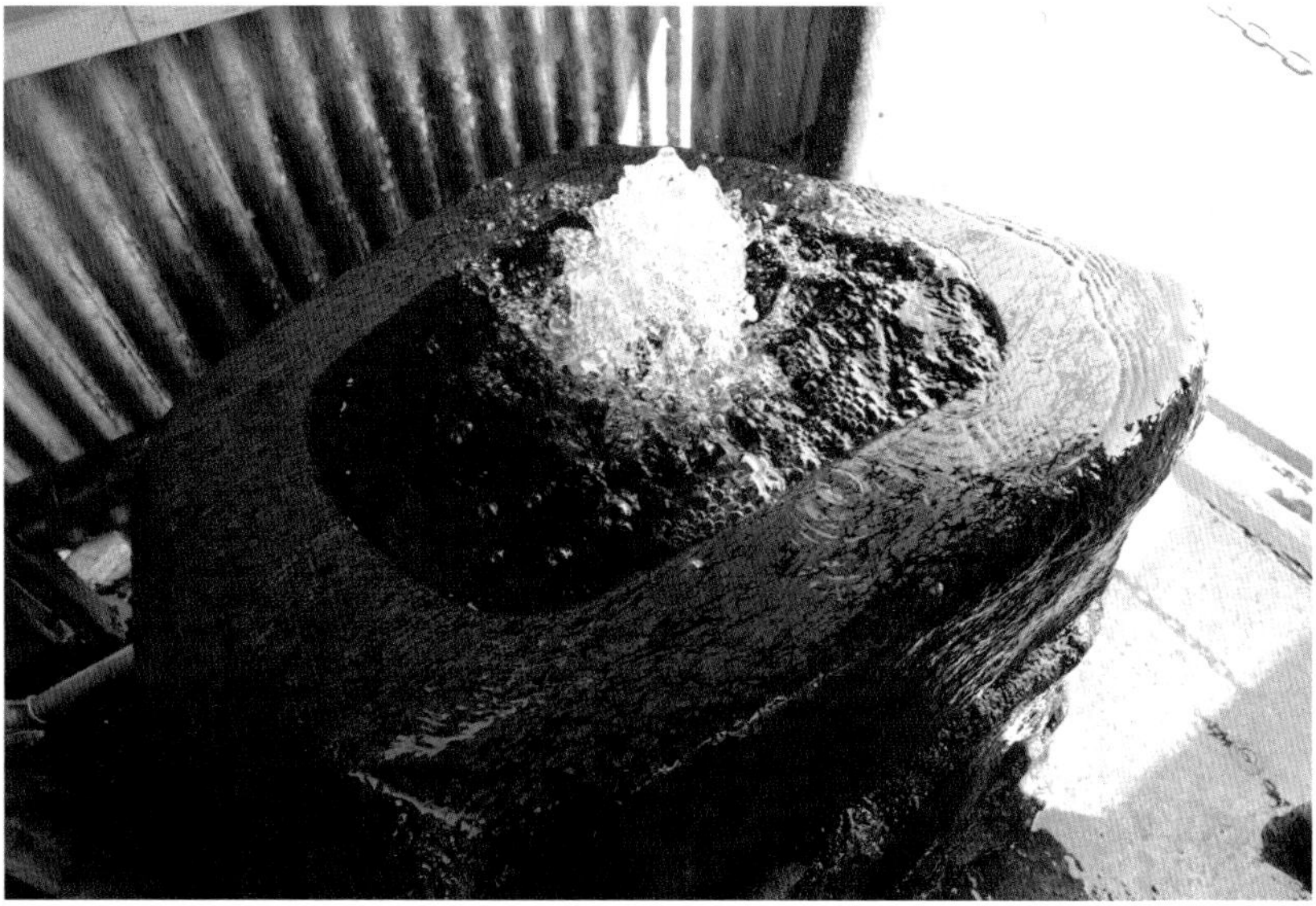

図版 3-2：「弘法水」。港湾内の海底から淡水が湧き出ている

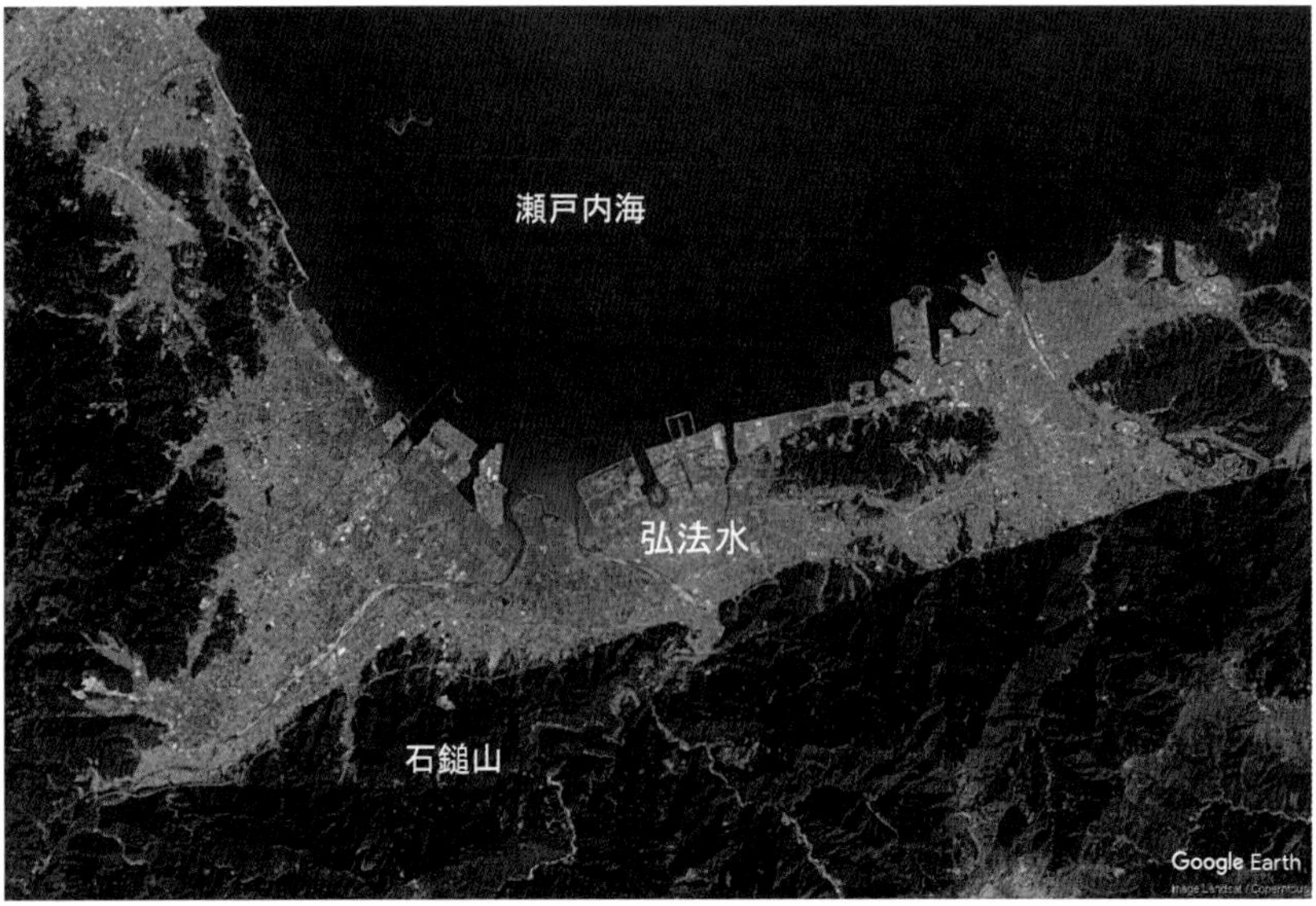

図版 3-3：航空写真による「弘法水」の位置（赤丸）

しかもそれは海中でありながら完全な淡水なのです。

海の底から淡水がこんこんと湧き上がる光景に、人は古来、何か神秘的なものを感じてきたことでしょう。そうしたことが、人の心の中に見えない世界への畏敬の念を抱かせ、いのちの恵みに対する感謝の想いを育んできたのだと思います。

俯瞰すると、この弘法水は瀬戸内海岸の埋め立て地の一角に位置していることがよく分かります（**図版 3-3**）。海岸沿いの平野は工業地域や市街地が広がり、そしてその奥に、中央構造線という世界有数の大断層に沿って、急峻な山並みが続いています。

弘法水は、この山体に蓄えられた膨大な水が、平野の下を通過して海底から湧き出しているのです。

弘法水のような湧水は、全国各地の海底や川底、平野部の下を流れる地下水脈から吹き上がるように湧き出します。そうした地下水の自噴する箇所は、それこそいたるところで見られますが、その中でも水脈がひときわ集中して湧き出し、水脈上の要とも言える箇所の一つが、この弘法水です。

山に染み込んだ水は、土中や岩間を下方へとゆっくりと移動します。そしてその高低差によって、ポンプ機能が働いて水圧が生じ、それが水脈を押し出す働きをします。

扇状地や河川の出合い付近に見られる自噴井や、海底や川底の湧水は、はるかかなたの山々から来ているのであって、清冽な水が海や川を浄化し、その湧き出しが近海の豊かな漁場をも育んできたのです。

かつて清冽な水の湧き出す場所は神域だった

神社の鳥居やお寺の山門をくぐると、まずは手水鉢の水を柄杓ですくい、手と口を洗い清めます。参拝のために神域に入るにあたって、今も私たち日本人が現代、普通に行うお清めの所作です。

手水鉢の水は、本来、神域の湧き水であり、健康な自然の営みが生み出す恵みの存在とその大切さを今に伝えています。境内に入り、最初にこの地の水の湧き出しに触れて感謝する。それが社寺の手水鉢におけるお清めの意味なのです。

日本では古来、清冽な水の湧き出す場所を、神域や聖地として敬い、守り伝えてきました。時代が下ると、その場所に社寺が配されるようになります。つまり、そこが周辺環境の要所であり、昔から尊重され続けてきた場所、これからも大切にしなければならない場所ゆえに、社寺が配されたのです。

古くから社寺の置かれてきた所や鎮守の杜とされてきた場所は、その集落の環境を豊かに保つための水脈上の要所なのです。

その周辺の山はご神体とされ、かつてはひと山全体が鎮守の杜としてあてがわれ、守られました。ところが時代が下り近代以降になると、神仏分離令や神社合祀、戦後の拡大造林や林地開発の波などによって、鎮守の杜は縮小、あるいは消滅し続けています。

水脈を保つことは環境全体を健康に保つことという本質的な意味が、現代はますます忘れ去られつつあります。

豊かな杜（森）がその麓の集落の暮らしを成立させ

てきたのは間違いなく、こうした水脈環境の要を、社寺というかたちで大切に守り伝えてきた先人の慧眼と代々の努力の積み重ねには、感服すると言うしかありません。

社寺の配置から読み解けること

水脈環境を整備しながら諸国を渡り歩いた先人の筆頭に、前述した弘法大師 空海が挙げられます。**図版3-4**は古都鎌倉の水脈上の重要拠点の一つ、扇《おうぎ》ガ《が》谷《やつ》の平地の最奥部に位置する海蔵寺裏の岩窟です。ここもまた、弘法大師によって掘り当てられたと伝えられ「十六ノ井」と呼ばれています。

穿たれた穴の底からは今でもわずかですが、清冽な水が湧き出しています。かつて、上部の山々が豊かに保たれていた頃は、清水がこんこんとここから湧き出していたことでしょう。その水が、古都鎌倉の豊かな暮らしの基盤を支えてきたのです。

夢窓国師によって整備されたことで有名な、鎌倉市二階堂の瑞泉寺も同様に、岩窟からの水の湧き出しを集落に供給してきました。岩窟を掘って水を湧き出させることによって、土中の水の動きはより活発化して、上部の環境も息づくように、より豊かな森へと育っていきます。

近年、日常の生活用水は遠くのダムから水道管を通して運ばれるようになり、こうした水脈の要となる土地の意味も役割も忘れ去られつつあります。

図版3-5の古地図は、今から１４０年程前（１８８０年くらい）の鎌倉中心部の土地利用図です。

赤丸印が海蔵寺です。鎌倉中心部に至る大きな谷津田の最奥の水源に位置することが分かります。古都鎌倉の水脈上の重要拠点の一つであることは一目瞭然です。

水源の湧き出しは、山地と平地との地形の変わり目に集中します（**図版3-6**）。それゆえに、海蔵寺に限らず、古都鎌倉の社寺配置を見てみると、中心平野部を取り巻くように、地形の変わり目付近に社寺が集中しています。そして、その社寺の上部の杜を、古人は長く神域の杜として守ってきたのでした。

図版 3-4：海蔵寺（神奈川・鎌倉市）の「十六ノ井」。水脈上の要に位置している

図版 3-5：明治初期、鎌倉中心部の土地利用。赤丸印が海蔵寺　出典：農研機構農業環境変動研究センター

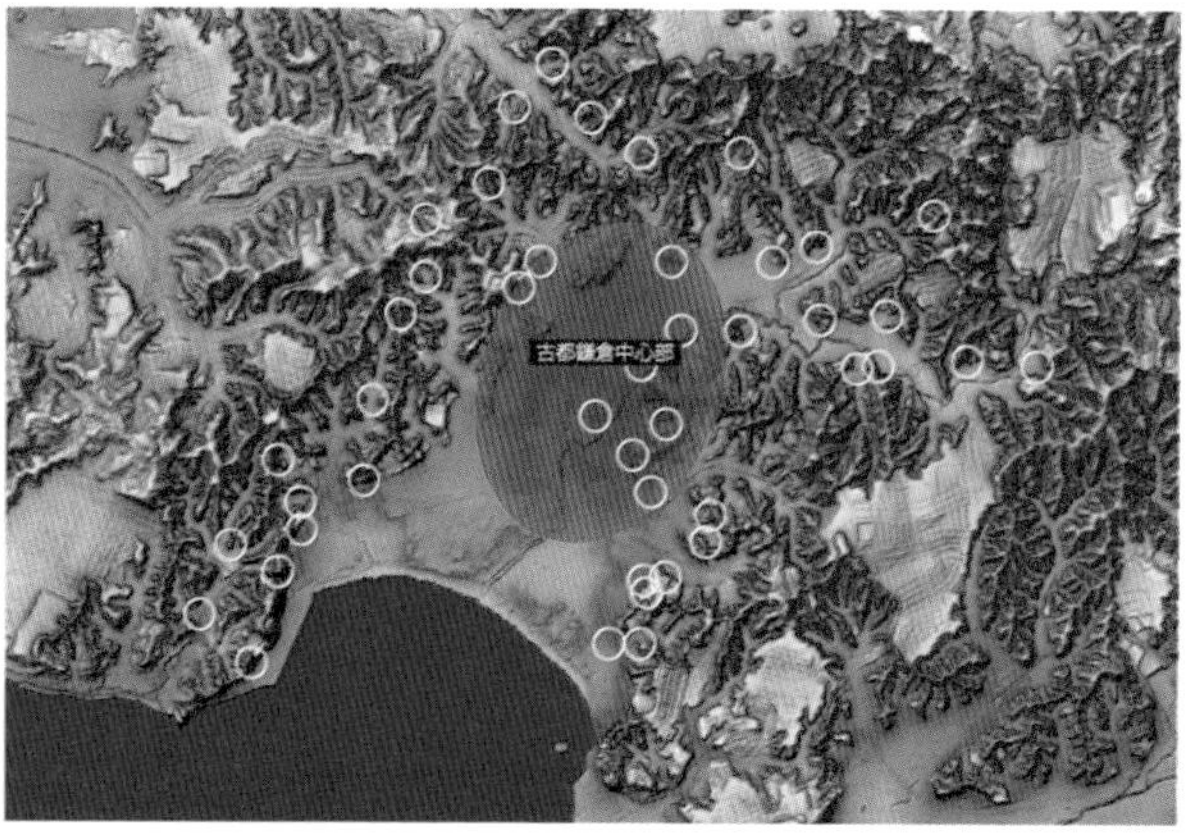

図版 3-6：赤色部分が古都鎌倉中心部、黄色の丸部分が社寺神域（カシミール3Dより）

環境の要となる土地を信仰の力で守る

話を海蔵寺・十六ノ井に戻します。

十六ノ井は、三浦層群と呼ばれる豊かな海成岩層に掘られています。三浦半島から房総半島南部に続くこの岩盤帯は、保水性も高く、それが豊かな生物環境を育んできました。先史時代より人の暮らしが営まれていたのです。

古代以降、豊かな生物環境が育まれてきた場所は人口が増え、集落や町としての営みが始まると、水源や水路の整備が必要となります。そこで活躍したのが弘法大師のような僧侶です。

水路整備などの土木工事の指導における弘法大師の業績は有名ですが、こうした土木工事や環境整備、またその指導は、その後も多くは行者や僧侶の菩薩行として行われました。

山で修行し、自然の理の中から悟りを得んとしてきた行者だからこそ、環境の要というべき地を見極めて、環境を乱さず、その恩恵を引き出す智慧を得ることができたのでしょう。さらにその地を神域として社寺や祠を配し、そこを神域とすることで、大切な環境の要を未来永劫に守り伝え、その集落の暮らしの根本が守られ続けてきたのでした。

海蔵寺本堂そばの岩窟（やぐら）に穿たれた穴からも水が湧き出しています（**図版3-7**）。そこもまた神域として鳥居が配され、その大切さを今に伝えています。

この水の豊かさを保つためには、上部の森が豊かに保たれることが必要です。岩盤の節理に張り巡らされた樹木根と菌糸の作用によって、岩盤はしっとりと水分を保ちます。森の環境を荒らしてしまい岩盤が乾いてしまっては、岩間の水の動きは途絶え、上部の木々がさらに衰退していきます。

そうなると、倒木の危険から木々は伐採され、それと同時に、その土地の豊かな生態系も失われていきます。湧水は減少、やがて枯渇し、その地における持続的な暮らしの根本が壊れてしまうことにつながっていきます。

山の環境の衰退は山の貯水機能の低下につながり、

水害土砂崩壊を招きます。そうなると暮らしの安全すら確保できなくなるのです。

　未来に豊かな環境をつないでいくためには、環境の要＝水脈の要を健康な状態で守っていかねばなりません。（**図版3-8**）

　環境の要となる土地を的確に把握し、信仰の力を借りてそれを守り伝えてきた先人の智慧に、私たちは再び学ぶ必要があるでしょう。

図版3-7：海蔵寺本堂そばの岩窟（やぐら＝中世の横穴式納骨窟・供養窟）の一つ。穿たれた穴から水が湧き出している

図版3-8：水脈の要に位置する海蔵寺本堂とやぐら

02
「川のいのち」というもの
～アイヌの暮らしと北海道の河川

水の問題と言えば、かつて（戦後高度経済成長期）は有害物排水などによる局所的な汚染が問題とされました。しかし現在は、河川全般に見られる水脈環境の劣化により、河川の生態系の崩壊が起こり、問題となっています。

河川および流域環境を取り巻く事情の大きな変化をもたらした要因を見ていきましょう。

アイヌの暮らしと川

図版3-9は北海道白老町の「アイヌ民族博物館」*（2018年閉館）に復元された、チセと呼ばれるアイヌの伝統住居の中です。道内各地に復元されたどのチセを訪ねても、炉の上には象徴的にサケの燻製が吊されているのが印象的です。

伝統的なアイヌの暮らしにおいて、冬を越すための食糧の備蓄を始める秋口に、毎年群れを成して川をさかのぼってくるサケは欠かせないものでした。

そのことは、サケ漁が信仰と深く結びついて、アイヌの伝統文化そのものに同化していることからも分かります。

「アイヌでは伝統的に、川は上流から流れて来るのではなく、海から上って来るものと考えられています」と、アイヌの末裔でその文化を伝える語り部、川村兼一さんは言います。（**図版3-10**）

毎年、川からあふれるほどだったサケの遡上から、いのちの恵みが海から川を伝って人間世界《アイヌモシリ》に上ってい

＊2020年「民族共生象徴空間（ウポポイ）」としてリニューアルオープン予定（2020年5月時点）

図版 3-9：アイヌの伝統住居「チセ」の炉の上に吊るされたサケの燻製。サケ漁はアイヌの暮らしに深く結びついていたことが分かる。（旧「アイヌ民族博物館」北海道・白老町）より

図版 3-10：「川村カ子トアイヌ記念館」のチセ（北海道・旭川市）で語る川村兼一館長

くイメージが連想されたのでしょう。

アイヌの村跡をたどると、近代に至るまで、川や海とのつながりなくして存在し得なかったことを色濃く感じることができます。

そのアイヌ文化の名残を探して聞き取りする中、「今はもう伝統的なアイヌの暮らしが成立する環境はありません。北海道の川はどこも死んでしまいましたから」という話を幾度も耳にしました。

「川が死ぬ」という表現は、非科学的との声も聞こえてきそうです。しかしそれでもこの表現は、現代の山や河川の状況を的確に言い当てている言葉のように思えるのです。

川にいのちがあり、それが森と海をもつないで生物の豊かな営みを支えているという思想は、アイヌ民族だけのものではありません。河川を上流から下流まで一体の存在として自然界に作用する、「龍神様」として祀った日本古来の自然認識にも共通する面があると思います。

今、全国的にサケの遡上の激減が報告されていますが、その一因として、ダム建設や河川改修工事の影響が指摘されています。

川をさかのぼってきたサケは、ウナギや他の多くの川魚同様に、きれいな湧水が川底から染み出ているところに産卵します。

川底から恒常的に水が湧き出すためには、伏流水域が豊富に保たれて、山に貯留された水が水脈を伝い、川底へと連動していることが必要になります。また、流域の森林も健康でなければなりません。

かつて、いのちの源としての森林を、杜《もり》と書いたのも、木だけでなく、木と土が共に健康で一体に育ってこそ、多様で豊かないのちが循環し、永続することを表しています。

森と川もまた一体であり、一方だけの健康はあり得ないのです。

不安定な河川と砂防ダム

図版3-11は北海道苫小牧市の河川・別々川です。

図版3-11：別々川流域の様子（北海道・苫小牧市）。川底が目詰まりを起こし白濁し始めている

苫小牧市周辺では２０１８年、北海道胆振東部地震において、厚真川流域の広範囲で大規模な地滑りが発生しました。この光景を見て、多くの人は地震の規模の大きさに驚愕したことでしょう。

しかし、この地滑り発生の原因が地震だけかというと、必ずしもそうとは言い切れないのです。事実、土砂崩壊が多発する流域山林や河川に足を踏み入れると、すでにいつ崩壊してもおかしくない、荒廃した環境となっているケースが多く見られます。

通気浸透水脈という視点で見ると、以前の豪雨によって崩壊を繰り返した別々川も同様に、河川とその流域の森も異変をきたしていたことが、容易に読み取れます。

上流域の河川における土砂の堆積や川岸の崩壊は、伏流水の停滞に伴い、土地が流亡しやすい状態となり、さらに豪雨の度に大きく水位変化するが故に生じます。伏流水の停滞や、流域の通気浸透不良が解消されない限り、土壌の安定構造は得られず、増水の度に川岸はえぐられて土砂の流亡が続きます。流亡した土砂の堆積は川底の空隙をますます目詰まりさせ、湧き水を停止させていきます。

やがて周辺の樹木の幹枝にカビやコケが生じるなど、森の傷みが目に見える形で進行し、土中の滞水による深部根系の枯損や樹勢の後退という症状が、顕著に読み取れるようになります。

こうした不安定な河川や谷筋を伝ってさかのぼると、多くは砂防ダム（治山ダム）に行き当たります。この別々川も同様です。（**図版3-12**）

土砂流亡を防ぐ目的でつくられる砂防ダムは、日本では100年ほど前から建設が始まり、災害予防および経済対策として戦後、昭和30年代から本格的につくられてきました。その総数は把握しきれないほどで、現在、日本全国に何十万基と設置されています。もはや自然のままに呼吸する川を探すことは困難な状況です。

もちろん、一時的に一定の効果があることは確かです。しかし、河川流路に重量構造物を設置して土砂をせき止めることによる、流域の森林環境などへの影響については、これまでほとんど顧みられることはありませんでした。

その結果、長期的に流域山林の健全な営みや、水源を涵養する働きを阻害し、流域の広範囲において、水害土砂災害などの生じやすい環境をつくってしまいかねません。

森に水が染み込まない理由

図版3-13は別々川の砂防ダム上部の河畔林の様子です。緩やかな傾斜であるにもかかわらず、水が林床に染み込まずに降雨の度に大地を削り、泥水が流亡しています。林床の低木や木々の実生の芽吹きはほとんど見られず、また樹木もまばらで、幹肌や枝の状態からも樹勢の衰退が分かります。

森に水が染み込まない理由は、地下水の出口となる川底の湧き出しの閉塞にあります。それによって流域全体における土中の水が動かずに停滞し、土壌構造は目詰まりを起こし、浸透しにくい状況を招くのです。

これまで述べてきたように、健康な河川は、川底か

図版 3-12： 別々川に設置された砂防ダム

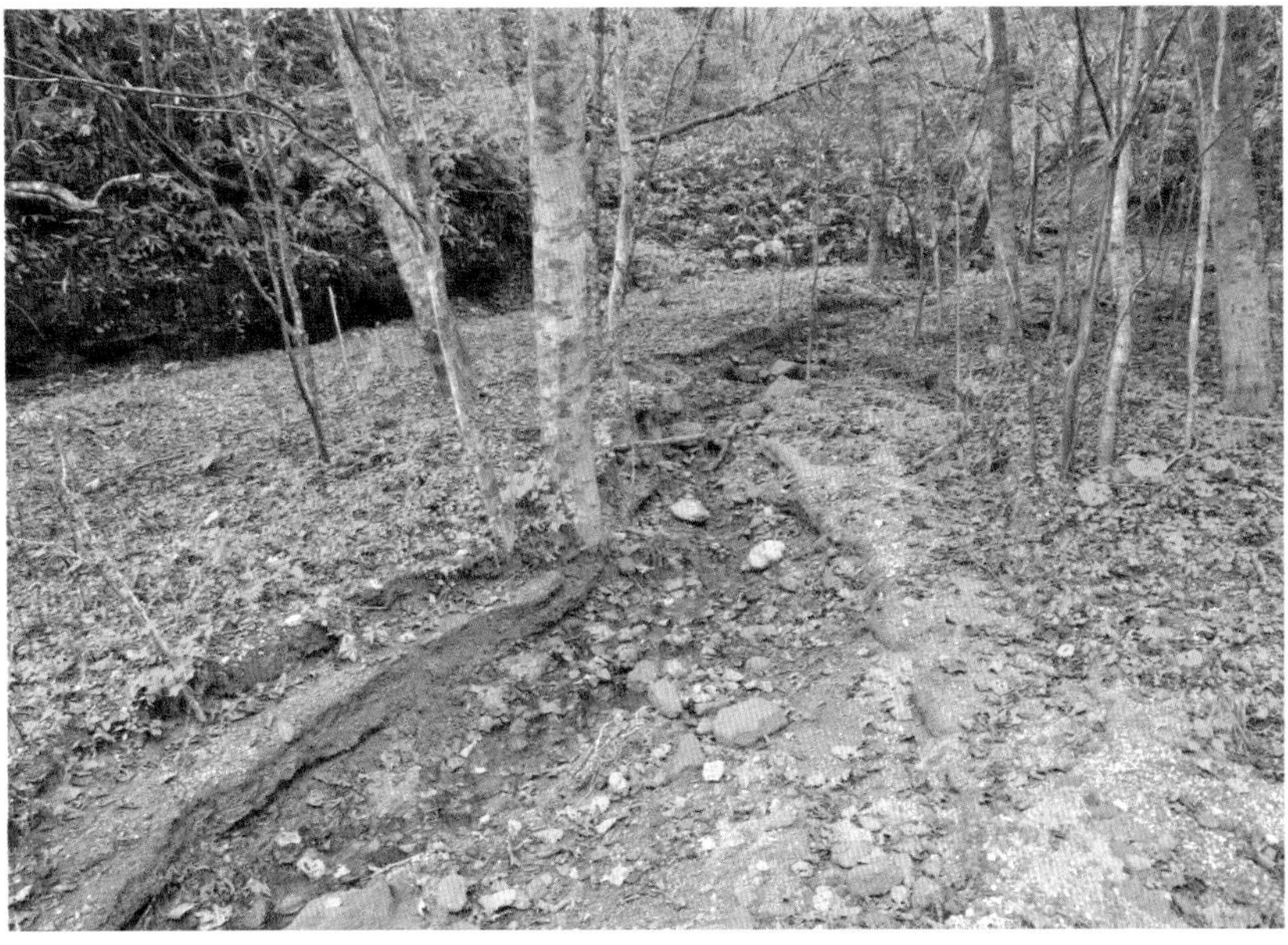

図版 3-13： 別々川の砂防ダム上部の河畔林の様子。緩やかな傾斜地だが水が大地に染み込まず、泥水が流亡している

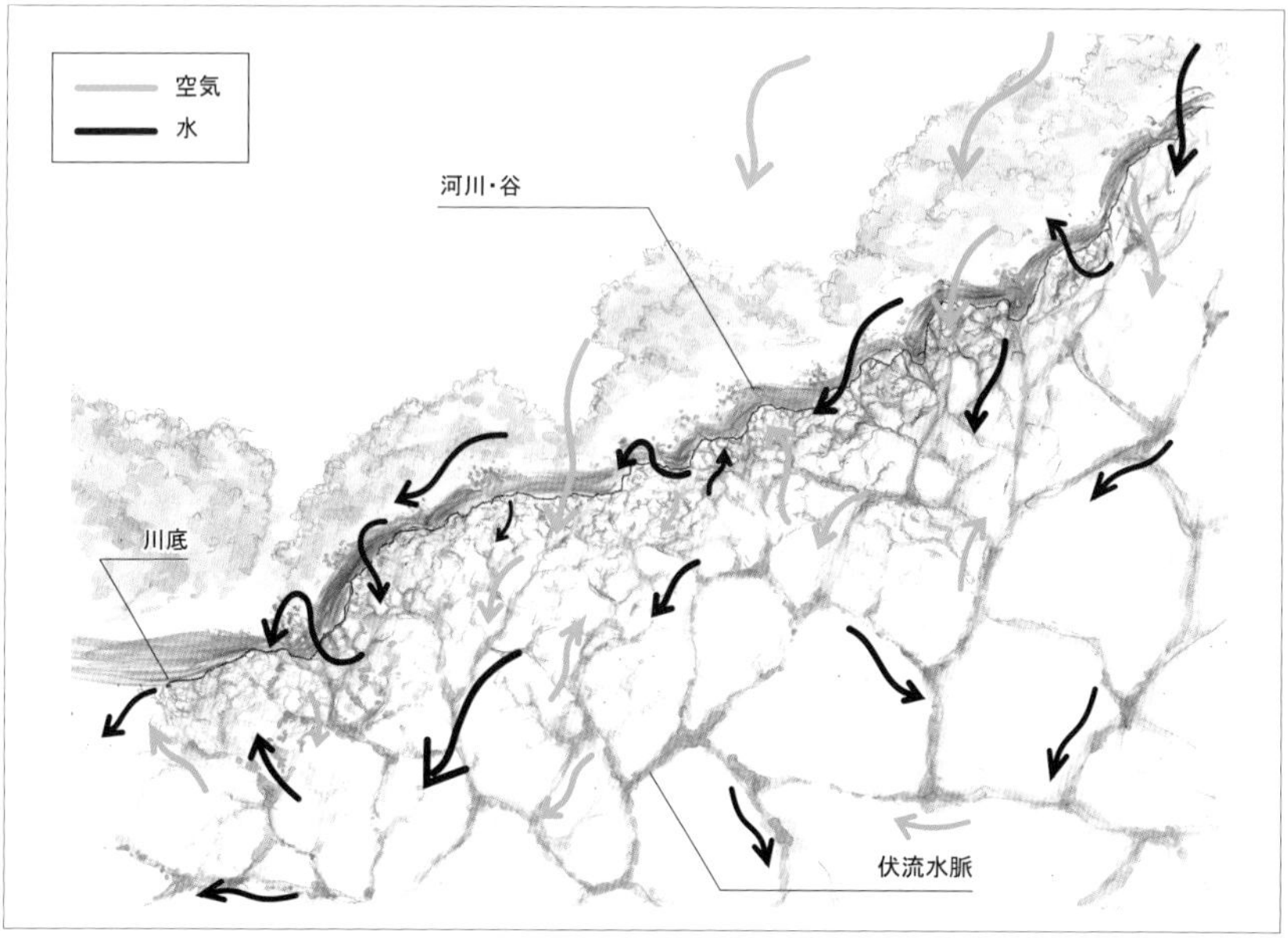

図版 3-14：健康な河川の水脈のイメージ断面図。地上の流れと伏流水の流れが連動し、地中と地上を行き来して大地を涵養しながら流れる

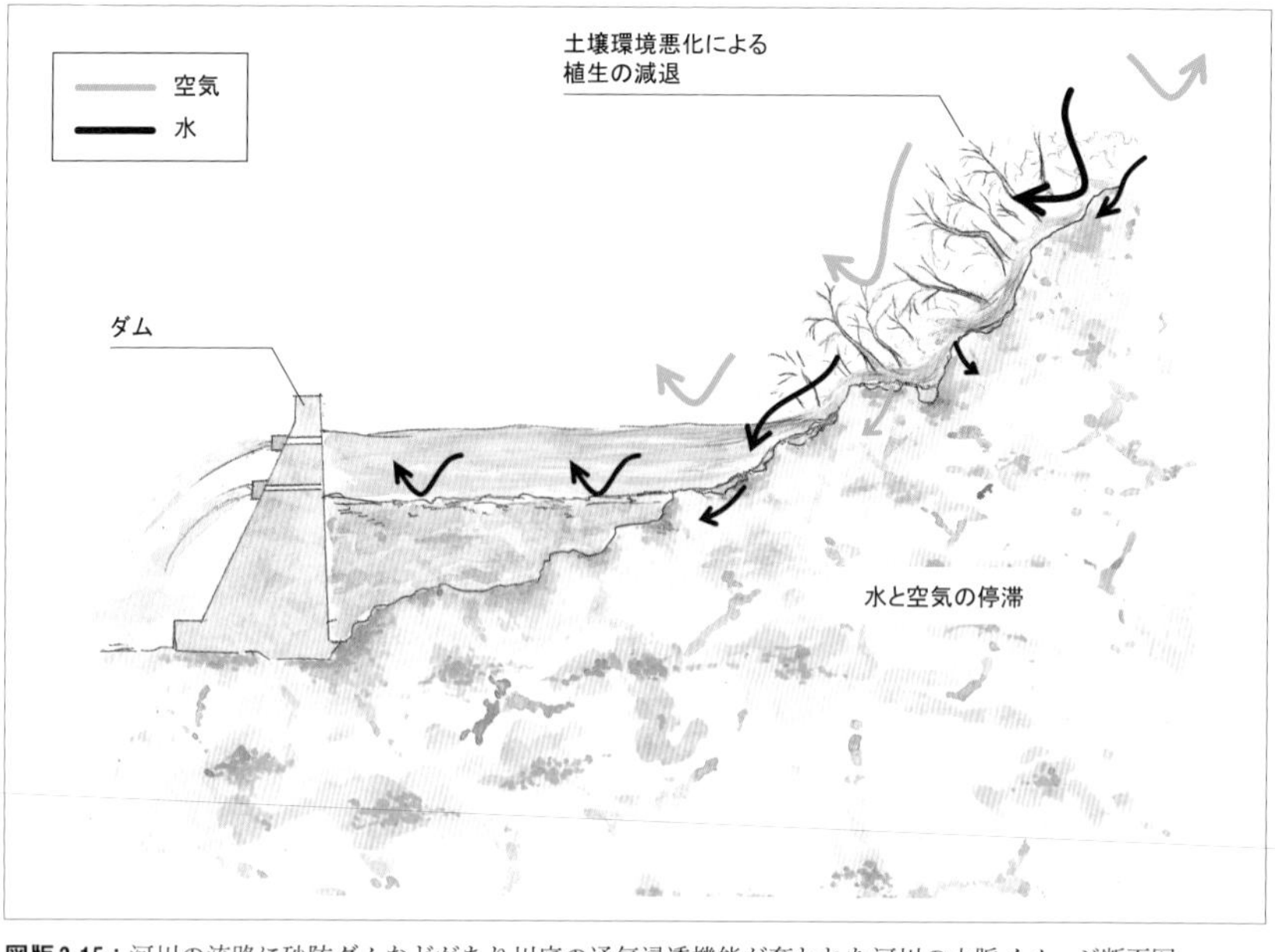

図版 3-15：河川の流路に砂防ダムなどがあり川底の通気浸透機能が奪われた河川の水脈イメージ断面図

ら水の湧き出す箇所が青く透明で艶があり、川底には土砂の堆積はありません。地上の流れと伏流水の流れが連動し、水が地中と地上を行き来して、大地を涵養しながら流れているからです。

また、伏流水は周辺山林の通気浸透水脈とも連動し、山全体を涵養しつつ、さらに余剰の水を集めて下流部をも涵養しながら動きます。その過程で、水は浄化され、活力を得て、新たないのちの営みを養うベースとなるのです。（**図版3-14**）

しかし、このような健康で美しい河川の流路に重量をかけ、砂防ダムや堰堤を建設して土砂をせき止めてしまえば、そこに土砂が堆積し、川底の通気浸透機能が奪われ、次第に流域全体の土中環境に影響を及ぼしていくのです。（**図版3-15**）

そうなると、上流域の水も染み込まなくなり、森は涵養されず、貯水機能は低下し、大雨の度に表層を削って河川を増水させ、土砂の堆積をさらに助長させます。なおかつ、涵養されなくなった流域の森林は、深い根を必要とする高木から順に枯死、または幹折れや倒木となって崩壊していきます。

つまり、河川の機能低下が、流域全体の山林を劣化させ、山の貯水性も安定も徐々に弱めてしまうのです。

失われてしまった河川の自律的営み

図版3-16は砂防ダムの下の水です。

堆積した土砂はヘドロとなって腐敗して悪臭を放ち、通過する水はもはや清涼ないのちを養う輝きを失っています。上部に人為的汚染源がない上流域の山中でありながらも、土中の水の停滞は清冽なはずの川の水を変えてしまうのです。

これもまた、流路を下る過程で川底の湧水と混ざることで再び浄化も起こります。しかし、川の流路に重量をかけ続けるこうした人工構造物がそこに存在する限り、湧水は弱まり、浄化の力は奪われ続けます。

それは長期的に流域の環境を不安定化させ、水害、土砂崩壊を助長していくというプロセスをたどります。

それを砂防ダムなどのような重量構造物によって力学

的に押え込もうとすると、さらなる環境の崩壊を招くという、いたちごっこが続くのです。

別々川の砂防ダムからさらに上流部へと歩くと、尾根に近い上部でも降雨の度に土砂の崩壊が進行していることを確認できます。（**図版3-17**）

山中を歩くと、今は必ずと言っていいほど河川にはコンクリートの人工構造物が存在します。こうした河川をたどり、山中の水脈環境を見ていくと、その場所の環境のポテンシャルによって程度の差こそあれ、通気浸透性の劣化や衰退による不安定な状態にあることが分かります。

かつてのアイヌの暮らしにおいて川はサケ漁を始め、自給的な暮らしのために欠かせないものであり、そこで洗濯したり、用足しするようなことは許されな

図版3-16：砂防ダムの下の水。ヘドロとなり悪臭を放っている。こうした箇所が随所に見られる

図版3-17：別々川の砂防ダム上流部の尾根に近い上部で起こる土砂崩壊

図版3-18：覚生川《おぼっぷ》（北海道・苫小牧市）。水の循環が閉ざされ、河川本来の健康な姿が失われてしまったアイヌの川の一つ

かったと聞きます。

アイヌの暮らしと共に守られてきた北海道の河川は今、その多くが、自律的に環境を安定させていく河川本来の健康な姿を失い、水位変化の激しい不安定な川となってしまいました。**（図版3-18）**

川底からのきれいな湧水が得られない環境では、サケは孵化できず、また、堰やダムによって川の上流部と海とのつながりも途絶えてしまった今、サケが本来のいのちの営みを謳歌できる環境が、日本にはほとんどなくなってしまったと言えるでしょう。

今は多くのサケが、河口で一網打尽に捕獲され、お腹から卵が取り出されて人工的に孵化が行われます。そのようにして生まれた稚魚が川に放流されます。サケは自らの力で産卵し、故郷の川の自然に遺骸を返していくことすらできないのです。

河川の自律的な営みを壊してしまう現代の自然環境への向き合い方の果てに、私たちは自然の恵みも安全も、いつの間にか失ってしまったのかもしれません。

海と森はつながっている。森の土中で浄化された水が水脈を伝い、海に清冽な水を送り出している
（「江の島」神奈川・藤沢市）

03 地下水がつなぐ海と森

ここでは、海の生態系を育む海岸林の役割から、海と森のつながりについて述べたいと思います。海辺での暮らしの中で先人たちが体得し、呼称として残されてきた事柄には、今は忘れられつつある確かな真実が宿っています。

森が海を守ることを先人は認識していた

古くからの漁場として知られる真鶴半島（神奈川・

図版3-19：古くから漁場として知られる真鶴半島（神奈川・真鶴町）。海岸の丘の上は森となっている

図版3-20：真鶴半島の森は魚つき保安林と保健保安林の二重指定を受けている

図版3-21：鎮守の杜として守られてきた真鶴半島の山の神の祠

真鶴町）は、切り立った崖が海岸に落ち込み、その海岸の丘の上は、今もこんもりとした森に覆われています。（**図版3-19**）

真鶴半島に限らず近海の豊かな漁場の多くは、こうした半島状あるいは島状の岩場の岬に囲まれた湾などに形成されます。

こうした半島や岩場の上の森が、実は漁場を守っているという認識は昔からあり、今も漁業関係者の大半の方は、森による漁場形成と保存効果について認識されています。

このことについては、明治44年（１９１１）の農商務省水産局の「漁業ト森林トノ関係調査」*において、沿岸域に鬱蒼とした森林がある場所は好漁場があり、森林の荒廃した場所には魚は近づかない事例が多くみられる、と論じられています。

古来、その地域の人たちによって、森が漁場を守るために重要と認識されていた海岸林の一部は、今、林野庁によって「魚つき保安林」に指定されており、真鶴半島の森もまた同様に、「魚つき保安林」と「保健保

＊出典：『森林総合研究所所報№22・2003-1』第５回沿岸生態系：森林の魚つき機能　気象環境研究領域 吉武孝 著、2003年

安林」との二重の指定を受け、貴重な森と認められています。（**図版3-20**）

豊かな漁場を守る森について、古くには「魚隠林《うおがくれりん》」や「魚寄林《うおよりりん》」などの呼び名の他、興味深い呼称に「黒み山」があります。

この「黒み山」という呼称からは、遠目にもこんもりと黒く見えるほどに緑濃く、健康な鎮守の杜のような貯水機能の高い森の姿がイメージされます。

このような呼称からも、健康で生態系機能の高い森が半島や岬、島など、海辺に存在することで、魚が群れる漁場となることは、古来の認識だったことが感じられます。その名残が今、魚つき保安林という制度につながっているのです。

海底湧水は海辺の生き物を育む羊水

真鶴半島の山中、谷間にひっそりとたたずむ山の神の祠です（**図版3-21**）。海の幸を糧に生きてきた半島の歴史は古く、この地にはかなり昔から、漁場を守るために森が守られてきました。歴史的な人の営みの周辺山地には、鎮守の杜として守られ続けた森や小山があります。

海を守ることは山を守ること。

そのことをかつては当たり前のように理解し、海の幸の恩恵を絶やさぬよう守ろうとした先人の叡智が、こうしたことにも見られます。

真鶴半島は、半島や島、岬が一般的にそうであるように、岩盤に覆われ、その岩盤は周辺の海底にまで連続します。むしろ、半島を形成する岩塊の多くは海底にあって、陸地はそのごく一部なのです。

真鶴半島全体は、箱根火山活動に続く15万年程前の周辺火山活動に伴う溶岩の吹き出しによって形成され、半島の森全体がその溶岩の上に成立しています。

長年の時を経てもなお浸食されずに残る地形が、海辺においては半島や島や岬であり、そして内陸においては、河川周辺の平野にポッコリと張り出して残る小山や丘陵になります。

こうしたところは、海辺においては海底に豊かな生き物の住処や餌場を提供し、陸地においては多様な動植物の循環を支え、そして集落の存在の源である清冽な水と生産性豊かな環境を提供します。

半島陸地の岩盤は森が覆い、通気する岩盤と共に大量の水が地下に蓄えられます。その水は土中を移動しながら生物環境を養い、磨かれて、海底に続く岩盤の亀裂から湧き出します。

図版3-22は、海岸段丘上部の森から続く水の動きを示しています。

海岸段丘上や半島の森に蓄えられた水は、岩盤の亀裂に張り巡らされた菌糸や根のネットワークを伝い、下方へ移動します。そして半島と一体につながる海底の岩盤の亀裂や洞窟状の岩間などの無数の空隙から、いのちを養う、力あふれる清冽な水が湧き出し続けます。

海底湧水の湧き出す場所には、「ネ」または「イワネ」と呼ばれる海底の森が形成されます。そこには無尽蔵に海藻が茂り、たくさんの稚魚やさまざまな生き物たちのいのちも湧き出すように生じ、育まれます。

湧水は通年の温度変化も少ないうえに、砂やちりも溜まらず、無菌状態を保つため、そこは海の魚たちの格好の産卵場所となります。

つまりこの海底湧水は、稚魚の孵化する環境を包む、例えて言えば羊水のような働きを担っているのです。

森と海は水脈でつながる

図版3-23は湧水の湧き出し箇所を覆う海藻類です。海底湧水の湧き出しが海藻豊かな漁場を育み、そして、また、湧水が枯渇または衰えたとき、海藻も減少、または枯死していくという、絶妙なバランスの下で長い間豊かな海の生態系が保たれてきたと言えるでしょう。

豊かさを保ってきたこの真鶴半島も、これまでの観光施設や新たな遊歩道建設の影響も大きく、そうした箇所の周辺から、環境の荒廃が目立ってきました。

土地に回復する力があれば、まだその影響は限定的ですが、近年は自然の回復力を超えて、荒廃が広がるケースが多く見られます。

土中の通気浸透機能の劣化はまず、高木の衰退と、

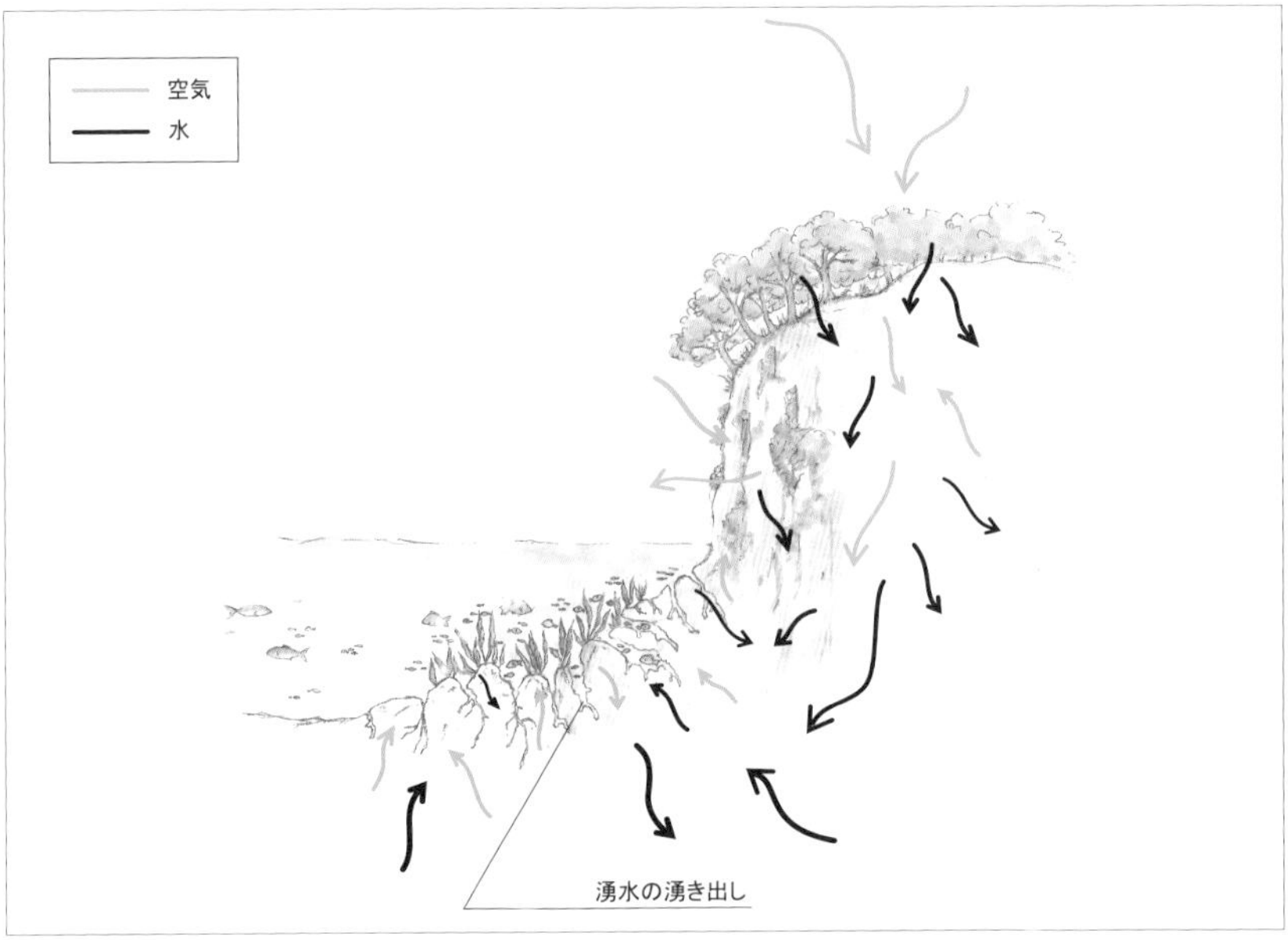

図版 3-22：海岸段丘上部の森から続く健全な水の動きを示したイメージ断面図

図版 3-23：湧水の湧き出し箇所を覆う海藻類。海底湧水が豊かな漁場を育む

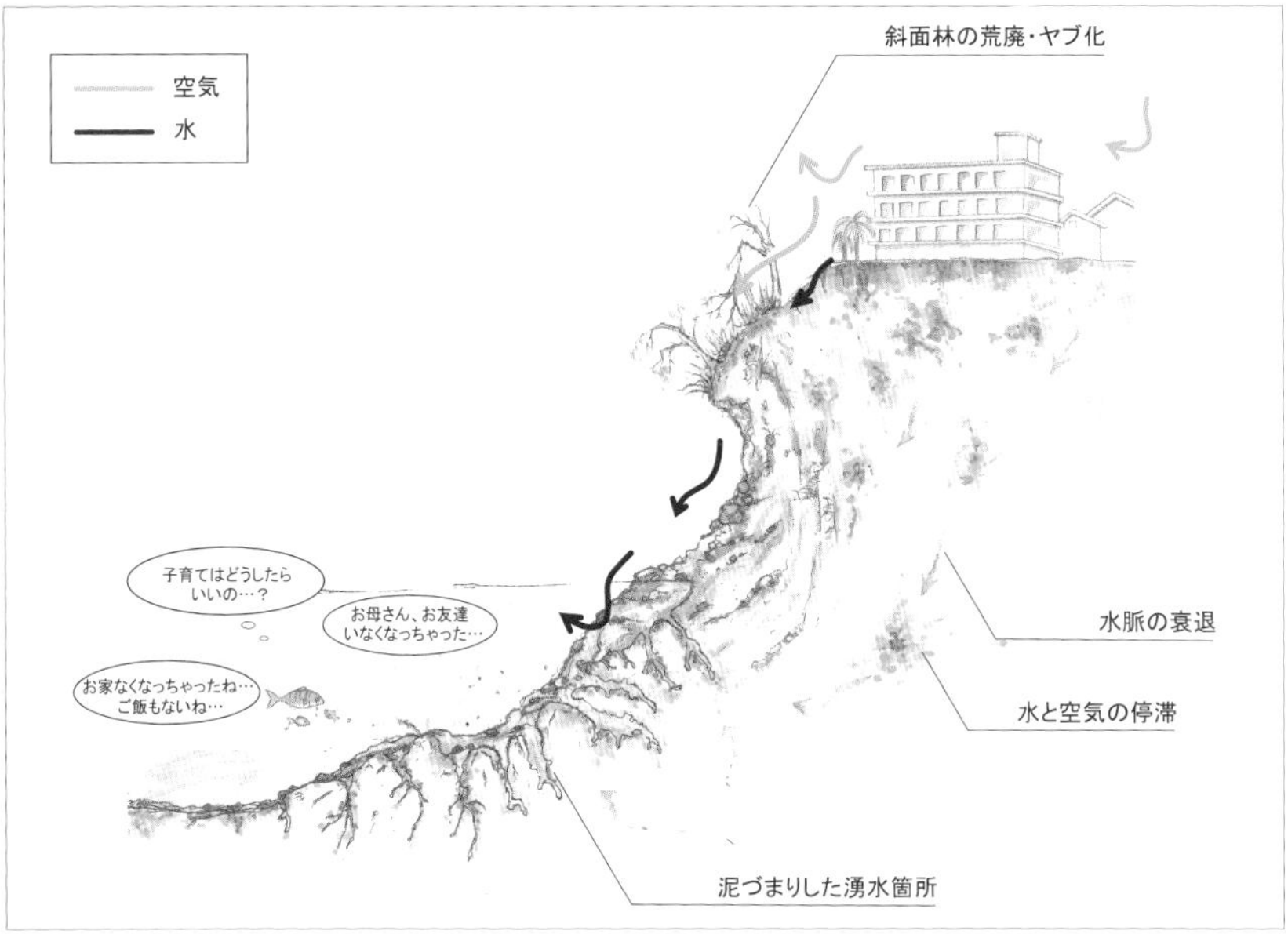

図版 3-24：荒廃した海岸段丘上部の森から続く水の動きを示したイメージ断面図。海岸林の荒廃が海の生態系崩壊につながる

図版 3-25：水脈が衰退すると岩盤の崩落が加速する

それに伴う森の矮小化、ヤブ化、多様性の減少という形で表れます。その過程で、台風等による大木の幹折れが頻発し、その下には新たに森の主木となるべき次世代の高木後継樹もなく、森は低層化に向かいます。

そうなると森の貯水機能は大きく低下し、海岸林においても、それはそのまま、海底湧水の減少につながるのです。

先述のとおり、漁場と陸地の水脈環境は大きく連動していて、それは海辺で暮らしている人たちの間では古来知られてきたことでした。今、三陸の近海漁場から急速に魚が消えつつあることが地元漁業関係者から聞かれます。このことは、震災後に進む巨大防潮堤建設による水脈の遮断や、津波対策のための高台造成を目的として、流域の山を切り崩し続けていることとつながることは、現地周辺環境の荒廃具合を観察すれば明らかに見えてきます。

海岸林が荒廃、または開発されると、岩盤内に地下水が供給されずに表面を流れ、それがさらに周辺の森全体の林床を泥詰まりさせていきます。その結果、海底湧水が減少、あるいは枯渇します。そうなると、湧水が育んできた海底の森であるイワネは泥詰まりを起こして、稚魚の成育環境を崩壊させていきます。海底湧水が止まってしまった海底の岩場は通称「磯焼け」と言って、海藻も消えていくのです。**（図版3-24）**

森の崩壊は、地下水の動きを通して海の生態系の崩壊と直結しているのです。

健全な水脈環境が育むいのちの循環

水が大地に浸透しなくなって地下水の動きが衰えると、岩盤の崩落は加速していきます。**（図版3-25）**
通気してしっとりとした湿潤を保つ本来の岩盤は、亀裂に張り巡らす樹木の根と菌糸が絡んだ状態で安定して保たれます。そして、また、菌糸を伝う毛細管現象によって水分が保たれ、いのちの営みも湧水も継続し、根も枯れることなく保たれます。
それがひとたび乾いてしまうと、それまでつながってきた菌糸のネットワークも途切れ、岩盤の亀裂の菌

図版 3-26：海底湧水と海水のぶつかるところでは、水面が輝き、いのちあふれる。水を通してすべてが正しく循環するところに、私たちは美しさや安らぎを感じてきた

糸も樹木根も短期間で枯れていきます。

そうなるとますます上部森林は衰退し、同時に海底湧水の枯渇、海水の汚濁、漁場の崩壊につながっていきます。

海底湧水と海水のぶつかるところはキラキラと輝くように美しく、訪れる人を魅了します。（**図版3-26**）

そこがいのちの生まれる要の場所であり、人は生き物としての本能から、こうした正常な循環が営まれる光景を美しいと感じ、安らぐのではないでしょうか。

水を通してすべてがつながり、営まれるのが生態系の循環です。

守るべきものは、こうした循環を支える健全な水脈環境。それを支えるのが豊かな森の環境だということを、その土地の収穫によって生き、いのちをつないできた先人たちは、普通に体感し、理解してきたことでした。

かつては当たり前に持ち合わせてきた大切な視点を、私たちはこれから取り戻していかねばなりません。

図版3-27：創業300年を超える蔵元「寺田本家」。正面のクスノキの根元に大切に守られてきた井戸がある

04 鎮守の杜が守る発酵の里

酒造りに限らず、味噌や醤油など、発酵を扱う上では、力のある清冽な水が不可欠で、良い水の出る場所にこうした営みが芽生え、続いてきました。

千葉県香取郡神崎町の神崎神社の麓、神崎町は「発酵の里」と言われ、かつてはこの周辺に7つの酒蔵があり、他にも豆腐や味噌蔵など、発酵に関する独特の文化がこの町を支え続けてきました。

ここでは、自然酒で知られる「寺田本家」の酒造りを通して、「鎮守の杜」と水、土中の通気浸透水脈環境

図版 3-28：毎年11月～1月にかけて行われる酒母起こしの様子

との関係についてまとめていきます。

老舗酒蔵の「蔵付き酵母の仕事」

図版3-27は神崎町で300年以上続く酒蔵・寺田本家です。

正面のクスノキの根元に井戸があり、仕込みの時期は日量5000ℓ以上の水が汲み上げられると言います。今まで一時も枯れたことがないという、この井戸の水が、お酒の仕込み水となり、酒蔵300年もの営みを支え続けてきたのです。

この水はどこから来るのか……。

寺田本家では代々「裏山の神崎神社の鎮守の杜のおかげで良い水が出るから酒造りが続けられる」と言い伝えられてきたと言います。

仕込み時期の冬季、寺田本家の酒母起こしが始まります。耳に心地良い酒造り唄を唄いながら、昔ながらの方法で息を合わせて酒母を攪拌する様子は、まるで微生物たちを呼び覚まし、目覚めさせているかのよう

です。（**図版3-28**）

酒母は、麹、仕込み水、蒸米を混ぜた状態で酵母を加えて攪拌し、一定温度の下で発酵を進めてお酒の酛《もと》をつくります。酒母の発酵初期には乳酸菌が増殖し、その後、アルコールの生成を営む酵母が増殖していきます。

伝統的な自然酒の醸造においては、その後の菌の添加は不要です。その時必要な菌群がどこからか降りてきて、そして発酵の段階が進んで役目を終えると、また新たな菌が降りてきてバトンタッチしていくという菌の連鎖の中で、お酒が醸造されていくからです。

このことから、寺田本家の酒造りは、築３００年の酒蔵に住み着いた「蔵付き酵母の仕事」と例えられています。

建物自体が大地とつながってさまざまな菌類などの微生物を始め、人間だけではない、いのちの共存環境となってきた古き酒蔵ゆえに、こうした昔ながらの酒造りが今も続けられているということでしょう。

同時に、こうした微生物の環境が保たれてきたのは、単に古い蔵だからというだけでなく、先祖代々の言い伝えのように、周囲の環境や発酵を促す水の力が保たれてきたからということも忘れてはなりません。

伝統的集落の配置に守られてきた水脈

利根川沿いの沖積平野の集落の真ん中にポツンと取り残されたように、まるで勾玉のような形をした丘が、神崎神社の「鎮守の杜」です。（**図版3-29**）

鎮守の杜の多くはかつて、その神域として一山がまるごと神社にあてがわれ、保持されてきました。ところが現在その多くは、社殿の背面の一角のみが社寺林として残されるに過ぎなくなり、時代の流れとともに、鎮守の杜を保つことの大切さが忘れ去られてしまいました。

そんな中、神崎神社の鎮守の杜は変わらずに、平野に張り出す小山全体が、今も神域として保たれています。それは、その麓の酒蔵などの営みによって杜が守られてきたからだと言えるでしょう。

図版 3-29：上空から見た「寺田本家」（赤丸部）

図版 3-30：神崎神社ご神木のクスノキ群。中心の巨木は枯れ木のまま、ご神木として祀られる

上空から見ると、勾玉型の杜に抱かれるような位置に寺田本家があり、代々仕込み水に用いてきた井戸があります。地形的に、杜に蓄えられた地下水が集まりやすい位置にあるのが大きな特徴です。

寺田本家の裏山からの神崎神社への登り口は、集落代々の墓地の脇を抜けていきます。伝統的な集落の墓地の多くは、集落や水場の少し上の山の麓に配されて、その上が鎮守の杜とされるケースがよくあります。これもまた、水脈環境を保つために大きな意味があるのです。

尾根筋の一角に神崎神社の社殿があり、その脇に、「なんじゃもんじゃの木」と言い伝えられてきたご神木があります。寺田本家の井戸脇と同じ、クスノキです。（**図版 3-30**）

おそらくもう数十年も前に立ち枯れて、骨のようになったクスノキの大木がご神木とされ続け、その枯れ木の周辺の木々もまた巨木に成長しています。この一連の樹木群は、いわば「ご神木群落」として大切にされており、その中心がこの朽木になります。

立ち枯れた巨木はその後数十年、あるいは１００年の長きにわたって、ゆっくりと分解されていきながら、その養分を周囲の森に受け渡していきます。そして、朽木の根も分解されて土中に大きな空洞をつくっていきます。空洞は菌糸に覆われて保たれ、そしてそこにまた、ご神木の後継樹が根を伸ばして巨木となり、新たに杜を守る役目を受け継いでいきます。

こうして、鎮守の杜は千年万年と世代を受け継ぎながら、機能性の高い安定した杜へと成長し続けるのです。

鎮守の杜の土中には大量の水が蓄えられ、それが麓の集落の営みを支えてきたのです。伝統的な手法で行われる酒造りや醤油、味噌の醸造には、力のある水が不可欠で、本来良い水の得られる場所に立地してきました。伝統的な醸造にとって水の力が悪化することは致命的で、水が悪化したり出なくなったことをきっかけに廃業する醸造所も多く見られます。

寺田本家の場合は、裏山の鎮守の杜が比較的良好な状態で保たれていることと同時に、先祖代々、水を守る努力によって、今なお自然酒の醸造を受け継ぐことができているのです。

酵母とつながる菌糸ネットワーク

神社と井戸との関係を断面図で見てみます（**図版3-31**）。丘陵頂部に神崎神社社殿があり、ご神木のクスノキ巨木群も鎮守の杜の中心にあり、土中に深い根を伸ばしています。その下に、かつては土葬を繰り返していた伝統的な集落墓地があり、さらにその下に寺田本家の井戸があります。その井戸脇に、神社のご神木と同じ、クスノキが根を張っています。

井戸脇のクスノキと、山頂部のご神木群は菌糸を介してつながっており、そして麓の地形の変わり目にかつての土葬墓地が、菌糸のネットワークを中継しています。この伝統的な集落配置には、地の相を読み、水脈環境を保ち、育ててきたかつての暮らし方と智慧が色濃く感じられます。

酒蔵の下には先代当主によって、約20ｔもの炭が床

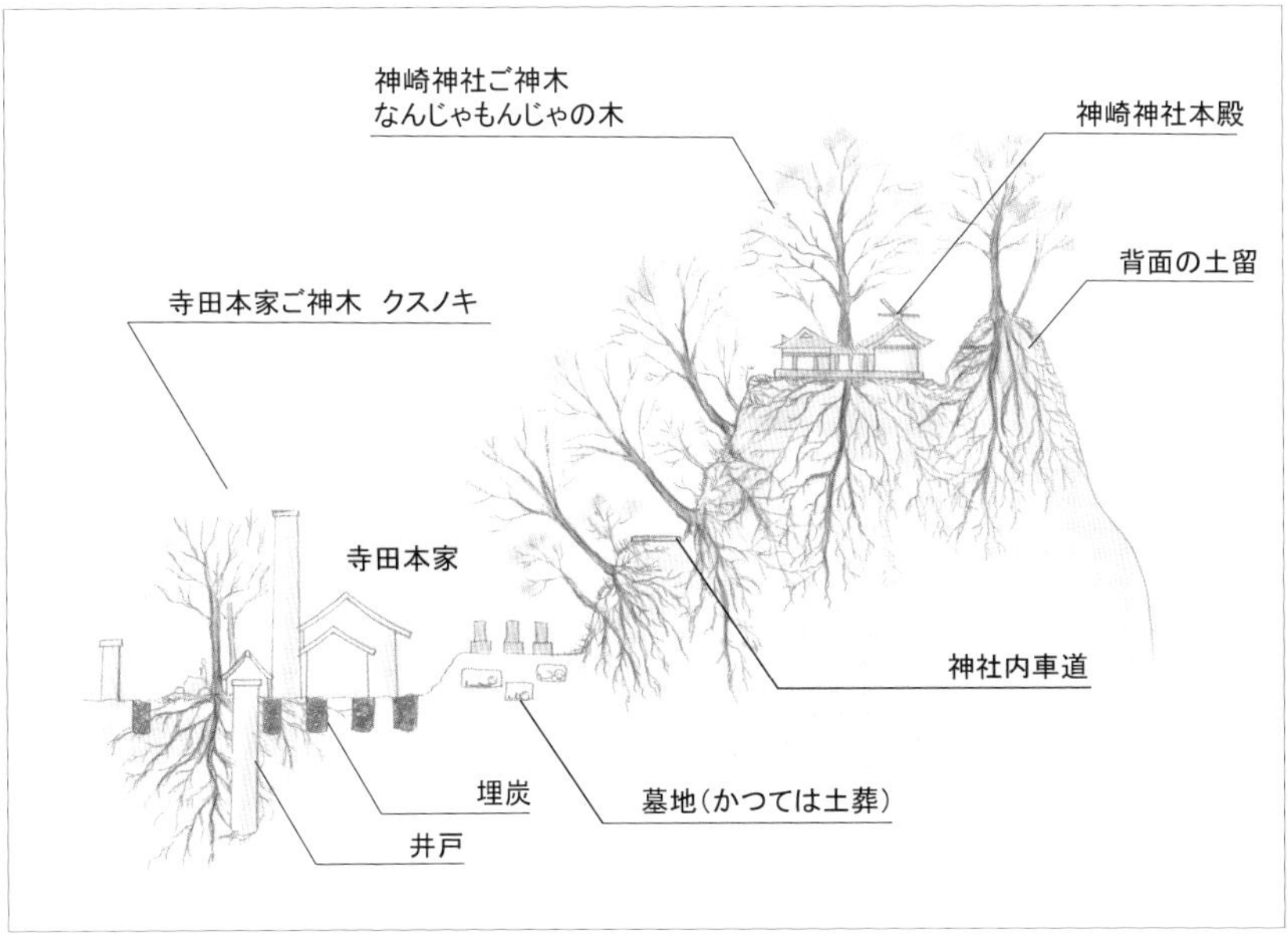

図版 3-31：「神崎神社」と「寺田本家」の井戸との関係イメージ断面図

図版 3-32：「神崎神社」と「寺田本家」の水脈環境イメージ断面図

下に埋められ、微生物環境や水脈環境の改善が行われています。

水脈の悪化によって立ちいかなくなる酒蔵が増える中、寺田本家においてはこうした絶え間ない努力によって、300年変わらぬ歴史が受け継がれてきたのだと考えられます。

図版3-32は水脈環境イメージ断面図です。杜に蓄えられた水は、樹木の根や菌糸のつくる通気浸透水脈ラインに誘導されつつ、健康な土中を通過して磨かれながら、井戸を涵養します。通気浸透水脈は土中空隙の壁面に菌糸が張り付き、水はそこを伝い流れます。そのため、このラインを通して多彩な菌糸のネットワークが築300年の蔵に住みついて、平衡状態を保つ多彩な菌群とも連動し、養分や情報を伝達します。

日本酒は、「並行複発酵」と言い、一つの容器の中で、でんぷん質がブドウ糖になる糖化と、ブドウ糖からアルコールになる発酵とが同時に進行しますが、それは菌群の代謝の連鎖によるものです。この連鎖は容器内にとどまらず、養分や情報は、空気中や、蔵の柱や壁に住みつく菌類などの微生物を通して菌糸のネットワークへと伝達され、そして神崎神社の杜とつながります。

つまりは、酒蔵の発酵の営みが菌群を生かし、それが神崎神社の杜をも健全に生かすことにつながるのです。それがさらに、力ある水の湧き出しにつながるのですから、まさに酒蔵と杜が一体となって生きてきたということが分かります。

神崎神社の杜にはご神木の他にも、樹幹内に大きな空洞をつくりながらもなお、旺盛に生き続ける巨木が多く見られます(**図版3-33**)。大木はこうして内部を腐朽させることよって、大きな体を軽くし、必要な養分量を減らすことで、寿命を延ばしていきます。

この腐朽した樹体内部を伝う水は、たくさんの菌糸と養分を土中に供給します。それは枯死した後もすべてが土に還っていくまでの間、その杜の木々やいのちの営みのすべてに対し、それまで生きて蓄えてきたエネルギーも養分も情報をも、すべてを還していきます。

古人はそのことを知っていたからこそ、立ち枯れた巨木をなおもご神木として、大切にし続けたのでしょう。杜を育むということは、菌糸や水がつなぐ一体としての生態系そのものを尊重することであり、それが麓の人の営みを支えてきたのです。

豊かな杜と麓の人の営みの関係は、健康な魚つき保安林（黒み山）と沿岸の魚との関係とまるで同じだと言えるのではないでしょうか。

杜の営みが守る人の暮らし

ところが今、こうした住宅地の裏山の段丘斜面は法律により、傾斜角30度以上の斜面は「急傾斜地崩壊危険区域」に指定されます。

本来は、この段丘の急傾斜によって土中の水や空気が活発に動くため、湧き出す水も豊富で、木々は根を

図版3-33：神崎神社、鎮守の杜の巨木。古木は樹幹内を腐朽させ、代謝を減らすことで長寿を得る

図版 3-35：傾斜角30度以上の斜面は「急傾斜地崩壊危険区域」に指定され、崩落防止策が義務付けられる

図版 3-34：「急傾斜地崩壊危険区域」のエリアはこのように示される

図版 3-36：擁壁で斜面を固めた場合の土中環境イメージ断面図

深く張り、災害に強く土地としても安定しやすいのです。そのため、この神崎神社周辺の旧家や酒蔵などの数百年の営みは、斜面の縁に集中してきたのです。

それが今は、斜面際は崩壊の危険区域とみなされて、こうした場所で建築物を建造する時は、斜面を擁壁等で崩壊防止の対策を施すことが義務付けられます。（**図版3-34・3-35**）

確かにこうした急傾斜は、森が荒れて健康に保たれない状況を招いてしまえば、崩壊のリスクが生じます。しかし、大事なことは、この急傾斜地ゆえに土中環境が育ち、森が育ち、そして水もまた育まれてきたという事実です。

擁壁等によって斜面を固め、水脈環境を遮断してしまえば、環境の恵みは失われてしまいます。

神崎神社の外周も今、寺田本家の敷地側を除く斜面の多くは人工物によって固められています。そうなると、擁壁上部は森林が後退してヤブと化し、水の湧き出しも土壌の安定もますます失われてしまうのです。

図版3-36は擁壁によって斜面を固めてしまった側の土中環境断面イメージです。急傾斜地と平地との境目のライン（地形変換ライン）をコンクリート擁壁等の重量物にて押さえ込むことにより土中の目詰まりが起こり、それによって表層水脈の分断が生じます。

そうなると、斜面上部の林床にも水が染み込まず、大地の貯水機能は大きく低下してしまいます。やがて森は衰退し、荒廃したヤブの環境へと変貌し、地下水の浄化機能も衰えていきます。そして湧水は枯れ、井戸の水量も減少し、潤いのない乾いた環境が広がってしまうのです。

寺田本家は、住宅地が接していない斜面が残り、今なお水脈が分断されずに保たれてきたおかげで、伝統的な酒造りが受け継がれていると言えるでしょう。

豊かな環境もいのちの水も、そして安全な暮らしの環境もまた、上部にある杜の営みが健全に保たれることで、未来へとつながります。

この土中の水と菌糸のネットワークの大切さこそが、持続的な豊かさの要でもあることを、今は希少となった伝統的な酒造りの営みが感じさせてくれます。

発酵は自然の神秘
――寺田本家の周辺環境と発酵

対談

寺田 優 氏 寺田本家 24代目当主

×

高田宏臣 高田造園設計事務所代表（著者）

聞き手・文＝澤田 忍

――寺田さんと高田さんが出会ったきっかけを教えていただけますか？

寺田：3年程前、高田さんが映画監督の方と一緒にいらっしゃったのが最初でした。仕込みの頃の寒い時期だったと記憶しています。

高田：ちょうど、酒母起こしをやっている時でしたよね。寺田本家は自然酒の蔵元として知られていて、僕も寺田本家のファンで、監督からお声掛けいただいたのでご一緒させていただきました。その時、裏山の頂に神社があると聞き、興味が湧いて、先代が出版された本や発酵関連の本などを色々調べると、寺田本家の自然酒造りと周辺環境に大変深い関係があることが分かりました。そこでＮＰＯ法人地球守の仲間に声を掛けて、寺田本家と周辺環境を見学するツアーをさせていただいたんです。同じ時に、発酵と森をテーマにちょっとした講演もさせてもらいました。

寺田：その話がとても素敵で、自分たちも「目から鱗」という内容でした。この話はシェアして他の人たちにも伝えたいと思ったので、毎年開催している「酒蔵祭り」でトークセッションをさせていただきました。高田さんの森の話が興味深かったということだけでなく、森があることでお酒造りができていること、逆にお酒造りをすることが森に対しても良い影響を与えていると話してくださり、自分たちが昔からやってきて、これからも続けていくことの意義を教えていただいたような思いがしました。

先祖はもともと近江商人で、江戸時代の初めにこの地に渡ってきたと聞いています。どういう理由でこの地を選んだのかと、今、客観的に思うことは、水が出る、米どころ、あとは利根川の近くで物流の便が良かったことじゃないかと。しかも、この裏山にある神崎神社も白鳳時代から続く古いお社なんです。

高田：そうするともっと前から聖地だったということですよね。

寺田：ここを大切にしなければならないということで、神社をつくったんじゃないでしょうか。そんなふうに昔から人が住みついて、大切にされてきた土地だから、先祖は、この地でやっていこうと決めたのかもしれません。

高田：昔の人は水脈上優位な場所を大切に守ってきましたが、神崎神社の鎮守の杜の中でも地形的に要の場所に寺田本家はあるんですよね。どうやって見つけたのか……、驚かされます。

環境を守ることで酒蔵は維持されてきた

――自然酒造りをされているということから、自ずと「環境」ということに目を向けてこられたのかなと思うのですが。

寺田：僕らはお酒をつくっていますが、その原料のお米もつくっているので、土に触れるということも体験しています。ですから土の中で水と空気が流れているということは、なんとなく感じてきていました。ですが改めて高田さんが、土の中での空気と水の流れや土の中の菌糸のつながりが大切だとか、菌糸のネットワーク、そして水も空気も循環しているということを言葉で説明してくださったことで、日頃体感していたことの意味が確認できました。

それに、見えない菌が大きな役割を果たしているということは、まさに自分たちが大切にしている発酵が、単にぶくぶく泡を立てる現象、ということではなく、この環境の隅々にまで満遍なく発酵という現象が起こっているということだと教えていただいて、お酒のつくり方にも自信を得た気がしています。

高田：そのトークセッションで優さんは、先代から「この森があるから代々やってこれたんだ」と言われていたということでしたが、そのようなスタンスだったからこそ、神崎神社周辺の環境も守られたし、寺田本家の酒造りも守られてきたんだと思います。

「鎮守の杜」は周辺で暮らす人たちが、地域の大切な場所としてきたところです。それが今、その意味が忘れ去られてしまい、粗末に扱われているところが散見されます。だからこそ、寺田本家の酒造りが続いてきたことを伝える必要があると思っています。

寺田本家が環境を守るためにしてきたことの一例として、先代は敷地内に、なんと20ｔもの炭を埋めて、環境改善をしているんです。

寺田：そうなんです。具体的な理由は聞いていませんが、水に対して危機感を持っていたようです。例えば、森の反対側に町が取水場をつくろうとして掘削したところ、こちらの水位が下がってしまったことがあったり、周りがどんどん宅地化されていったりしていることに何か変化の兆しを感じていたんだと思います。

自然酒造りをしていくにあたって、水の本来持っている力をちゃんと引き出す、生かしていくということに取り組んでいますから、水は本当に大切なんです。

高田宏臣（著者）
高田造園設計事務所代表
著者略歴参照

そこで先代は、炭を使った環境改善という発想に至ったんだと思います。
高田：この本では、水の力について相当の頁を割いて書いていますが、説明するのが難しいんですね。化学的な成分や物性などの分析で表せるようなことではないので。これまでの分析的な手法で数値化しにくい部分を、いかに説明していくかが苦心したところです。
寺田：正しいかどうか分かりませんが、微生物が有機物を分解していく、つまり正しく発酵してお酒ができるということが一番の試験というか、微生物が答えを出してくれていると思っています。
高田：水の状態に力がないと正しく発酵されないんですよね。例えば、魚が死んでも分解されないというような……。水に力があれば、脂も浮かずに分解されます。それが本来の水の力なんです。
微生物に対する僕らの勘違いもあります。例えば、発酵過程について、最初に○○菌が働いて、次に○○菌が作用してと段階を分けてしまうんですが、そうではないんですよね。
寺田：僕の感覚ですが、菌そのものではなくて、菌同士のネットワークによって生み出されるものが作用しているんだろうなと思っています。
高田：そういうことが感覚的に分かるのが、伝統的な発酵なんです。土中環境でも同じことが言えて、僕は今、樹木のポット苗をつくっているんですが、一般的なものは土を入れて肥料を入れますが、僕らは土も肥料も使いません。ではどうやって苗が育つのかというと、そこに入れるのは落ち葉のような土になる前段階の腐植層（A０層）のものをぎゅうぎゅうに詰める。そ

寺田 優 氏
寺田本家 24代目当主
1973年大阪・堺市生まれ。学生時代より世界各地を放浪。大学卒業後、動物番組制作のカメラマンとして活動。2003年「寺田本家」に婿入りし、発酵の素晴らしさに魅せられ酒造りの修行を始める。2012年24代目当主となる。寺田本家で使用する原料は、米・水・微生物の3つのみ。無農薬米を使用し、とことん手造りにこだわり、“身体が喜ぶお酒”を追求する精神は今も大事に受け継がれている

うすると鉢の中に菌糸が張り巡らされるんですね。それで落ち葉を分解して土に変える過程で、発芽した種を養うエネルギーも生み出すんです。そういう菌糸の働きを生かした状態にしておくと、乾燥しないし、自分たちで適切な大きさをわきまえているから、大きくなり過ぎないし病気にもなりにくい。この様子を観察しているだけでも菌糸は知的な生物なんだと思いますね。

寺田：自分たちの考え方ですけれど、色々な菌を受け入れるということが大切なんじゃないかなと。色々な菌があることで蔵の中の菌が活性化する。菌同士が行き交うことが大切なんだろうなと思っています。菌同士の雰囲気が合わなければ自然といなくなるようですし(笑)。それで菌が森も含めた環境全体でバランスをとってくれているんだろうなと思っています。

自分たちが取り組んでいる酒造りは、「自然に学ぶ酒造り」と言わせてもらっていますが、菌が喜んで発酵してくれる、元気に発酵してくれさえすれば、どんな味になってもいいいと、極端なことを言えばですが（笑）。だから年によって味も異なります。でも菌に委ねる。それは、これだったらおいしいだろうと考えてつくるよりも、もっと上回るものができるんじゃないかと思うんです。自分たちが計算してできるものなんて、たかが知れていますから。いい意味で裏切られるという感じでしょうか。

寺田本家の醸造蔵。蔵付き酵母の働きで静かに発酵が進み、おいしいお酒ができる

楽しい環境でなければ菌は喜ばない

高田：菌が喜ぶ環境というのは、人間にとっても良い環境なんです。考えてみたら、そういう場所を僕らは美しいと感じてきたし心地良いとも思ってきたんですよね。そういう場所自体に活力があるので、人間も生き物ですから、本能的に感じ取るんだと思います。

2018年に開催された「酒蔵祭り」で行われたトークセッションの様子

そうそう、先日面白い話を優さんから聞きました。蒸したお米に麹菌を付けるところまで運ぶベルトコンベアーがなくなっていたので、その理由を尋ねたら「楽しくないから」って（笑）。

寺田：楽しくないと作業になっちゃうじゃないですか（笑）。菌もそういう扱いされることを喜ばないと思うんですよ。

　うちは自然酒ですが、菌を純粋培養していけば、技術的にはどんなお酒でもつくることができます。でもそれが、自分にとって幸せなことなのか、行きたい道なのかというと違うかなと。

――寺田さんは見えない菌の力を日々感じているということでしょうか？

寺田：不思議なんですけれど、お米を蒸したまま置いておいても腐らないんですよ。そのままお酒になるんです。この蔵の環境、蔵付き酵母の働きだと思うんですけれども。それにうちは菌を添加しないんです。麹菌を1回だけ、お米にカビを生やすために添加しますが、それだけです。他の乳酸菌や酵母菌は勝手に生え

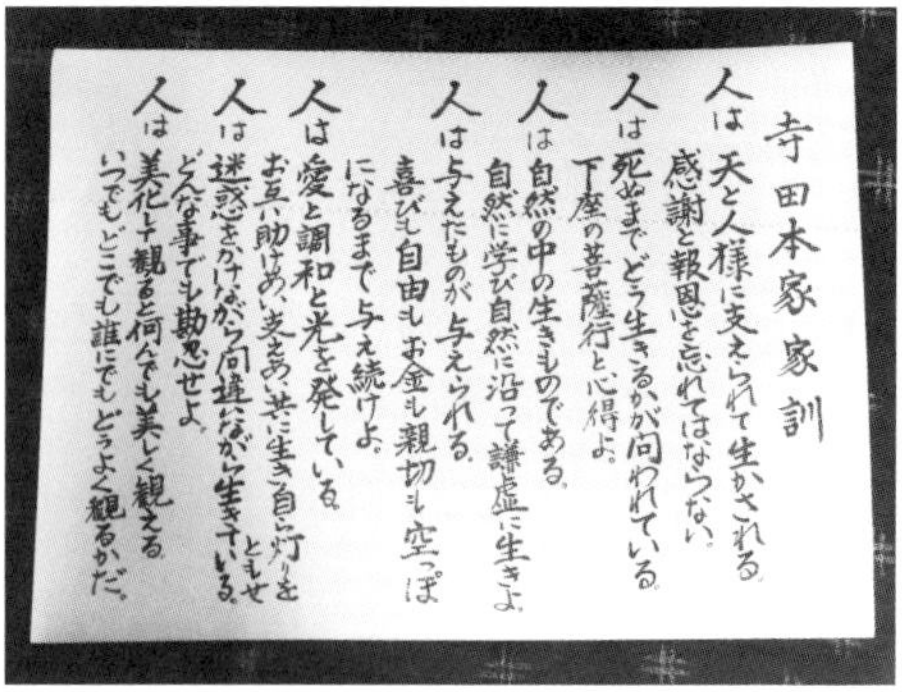

先代が残した家訓は、24代目に引き継がれている

てくるという考え方です。それでもちゃんと毎回、お酒ができるんですよね。他の酒蔵さんに話すとびっくりされます。だから自然界は発酵するようにできていて、バランスをとってくれているんだなと日々、感じています。そのほんのわずかな部分をお借りして、お酒造りをさせてもらっていると思っています。

――わずかな部分ですか？

寺田：そうだと思いますよ。土中の菌が発酵しているからお米が取れて、そのお米が蔵に住んでいる菌で分解されてお酒に変わっていくという、エネルギーの付け替えが行われている。本当に一部をお借りしている感じ。面白いことですよね。

高田：自然がそういうふうになっていて、必要なものが必要な時に現れるんです。今、ちょっと気候が狂い始めていますが、微生物環境が豊かであれば、それに対して適応していくと思います。腐敗せずに、発酵の生産物ができることが答えとなる。

発酵文化を伝えることで自然を守りたい

――これからの高田さんとの取り組みを教えていただけますか？

寺田：戦時中に廃業した、隣の酒蔵の敷地を買い取る交渉がようやく実現して、そこにあった築100年を超える蔵の改修を終えました。敷地は1000坪ほどあります。その敷地全体を森にして、田んぼもつくり、イベントもしたいなと思っています。その森づくりのアドバイスを高田さんにお願いする予定です。
　蔵は近隣の材料を使いながら、本当によくつくったなと思うほど、構造もしっかりしていて小屋組も美しいものでした。修復に時間はかかりましたが、改めて場所の歴史というのか、日々築かれてきたものを大切にしたいなと思いました。
高田：隣の元酒蔵は寺田本家よりもっと山際にあるので、開発されて宅地になってしまったら、ここの水が変わってしまう。先代はその危機感を持っていたから、土地の買取交渉を続けてきたんですね。
寺田：先代は「水を大事にさえしていれば、時代がどうなってもやっていける」と常々言っていました。だから譲っていただける交渉は、最優先課題でした。
高田：寺田本家があるこの場所にはポテンシャルがある。その価値を忘れてはいけない。先代はそう言い続けて、実行された方でした。
　〝森〟は、「こちらを潰して新しくこちらに木を植えてつくればいいじゃないか」と発想されがちですが、そうじゃないんです。ずっとそこで続いてきたから育まれたものがあるんです。本来環境は、守り続けることで、無限の価値をわれわれに与えてくれるものなんです。
寺田：お金じゃ買えないですからね。だから、この地域のこの規模でやっていくということが大切なんだろうなと思っています。裏山に神社がある水の豊かな環境で、できる範囲のお酒をつくってお客様に届ける。

寺田本家の環境を守ってきたクスノキ。足元には枯れることなく清冽な水をたたえてきた井戸がある

大量生産できませんから、量は少しでも長くつくり続ける。それが自分たちのスタイルに合っているし、自然の恩恵の中でできる範囲かなと思いますね。

高田：海外と付き合いがあるのも、この規模でやっているからですよね？

寺田：そうだと思います。海外でも本質的な発酵に注目している人は増えていて、日本の発酵文化の凄さと豊かさをリスペクトしてくれています。それがうまく伝われば、日本の自然を守ることにつながるんじゃないかなと思っています。

高田：文明が自然を食い潰して滅んできた国はたくさんありますが、日本は環境を育みながら生きてきて、現在もその文化がかろうじて残っている。今、世界が抱えている問題を、日本だから解決できるんじゃないか、未来に向けて、世界に向けて価値あることになるんじゃないか――。そんなふうに思っています。

築約120年という蔵で行われた対談。右が高田（著者）。左が寺田氏

寺田本家
所在地：千葉県香取郡神崎町神崎本宿1964
電話：0478-72-2221
創業：延宝年間（1673～81年）
e-mail：info@teradahonke.co.jp
https://www.teradahonke.co.jp/

第4章
安全で豊かな環境を持続させてきた先人の智慧と技

江戸時代に100年かけて整備され、島津藩の文化・経済の発展に貢献し、その面影を今に伝える龍門司坂の古道（鹿児島・姶良市）

01 過去の土木造作の技と智慧を見直す意味

図版4-1は、２０１８年7月に発生した西日本豪雨に伴い、愛媛県宇和島市で土砂崩壊が発生した現場です。私たちが調査・撮影したのは２０１９年3月。道路の土砂は崩落後に撤去されて車両の通行は回復されましたが、崩壊斜面は8カ月経過してもなお、手の付けられない状態が続いていました。

今、こうした土砂崩壊数は台風や豪雨の度に多数発生し、その歯止めは見えません。

西日本豪雨に伴う土砂災害は、愛媛県内だけでも約１０００カ所に及びました。こうなると最初の復旧が終わらないうちに、どこか別の場所が災害に見舞われてしまう災害の連鎖が起こり、手に負えない事態に陥りかねません。

ここ数年繰り返されてきた自然災害の大型化、広域化は、歯止めがかからない状況で、これからもまだ災害の拡大は続くことでしょう。

土砂崩壊が起きた際、現在はコンクリートなどの大きな力と重量で固めるといった対処が一般的に行われています。しかしながら、こうした現代の土木建設によって、土中の水と空気の流れが停滞して、環境としての安定を逆に遠ざけてしまうということは、前述してきた通りです。

現代の機械力、土木技術によって、崩壊しようとする地形を力学的に押さえ込むことが一見可能になったかのように考えられがちです。ところが、災害の広域化はとどまるどころか、ますます拡大し続け、国土は弱体化の一途をたどっています。その理由はどこにあるのでしょうか。

機械力もコンクリートも持たなかった時代は、自然の摂理の中で地形が変化しようとして生じる土圧・水圧に対し、力学的に押さえ込むのではなく、初めから土圧も水圧も発生させることなく、地形自らが安定していくような土木造作がなされてきたのでした。ここに、現代人が見落としてしまった大切な視点があるのです。

図版4-2は先の写真と同じ愛媛県宇和島市の石積の段

図版4-1：土砂崩壊発生現場（愛媛・宇和島市／2019年3月）

図版4-2：図版4-1と同時期に撮影した石積の段畑（愛媛・宇和島市／2019年3月）

畑（段々畑）です。四国の石積は有名ですが、江戸時代以降、こうした山の急傾斜地にまで盛んに石積によって畑が開かれていきました。それらの石積は、急傾斜地にありながらも崩壊することなく、今もなお保たれています。西日本豪雨の際、道路やコンクリート擁壁は至るところで崩壊したにもかかわらず、目立った崩壊はほとんどなかったのです。

ここに限らず、これらの伝統的な石積においてはかつての道や石垣などの土木造作、人工地形は、自然環境と一体となって１０００年を経てもなお残り、その地の風土と一体になってその土地の原風景として、大地に、人に、刻み込まれていきます。

果たして、現代の建築土木インフラにおいて、１００年、１０００年後にまで残って、なおも機能を保てるものはあるでしょうか。

「景観十年、風景百年、風土千年」という言葉があります。その土地の自然環境と人の営みが一体となって永続して初めて、美しい風土となります。土地の自然環境との調和と安定を目指してきた先人の営みが、豊かな風土を育んできたと言えるでしょう。

近代になって、建築も土木技術もまた、機械力の進歩と相まって大きく進歩したと考えられています。ところが今、道路や擁壁、建造物といった、現代のあらゆるインフラの多くは、わずか50年というコンクリートの耐用年数に頼るほかなく、１００年と持続するものではありません。

一見堅牢なようで、実は永続せずに自然の波にもまれて消え去るものを「砂上の楼閣」と言います。特に、気候が大きく変動する現代においては、自然の揺り戻しは抗しがたいほどに激しく、不自然なものは砂の上に築いた楼閣のごとく消し去られていくことでしょう。

気候非常事態ともいわれる今だからこそ、私たちは環境に手を加える際、これまで見落としてしまっていた視点、つまり先人が長い年月をかけて築き上げてきた過去の土木造作の意味、これを学び直す必要があると思います。

02 土砂崩壊を土中環境から考える

２０１９年秋、立て続けに東日本を襲った台風は、広い範囲で大きな爪痕を残していきました。**図版4-3**は私の自宅近く、今回の豪雨の際に発生した無数の土砂崩落個所の一つです。道路の崩壊は、斜面際の緩やかに湾曲した道の内側で多く発生します。またコンクリート擁壁などで斜面補強がなされた箇所の周辺で崩壊しているケースがよく見られるのですが、ここもその事例の一つと言えるでしょう。

このような場所は地形的に谷筋で、周辺の水が土中で集まりやすい箇所にあたります。道路を通す際、そこをコンクリート等で予防的に固めることが多いのですが、水脈の集まる所に重量を負荷して固めてしまえば、土中の水が停滞し、植生は荒れ、かえって崩落の危険が高まることになるのです。

土砂崩壊で土中環境は改善に向かう

土砂の崩落現場を目の前にすると、「コンクリートで固めていなかったから崩れたのでは？」と思ってしまいがちです。ところが、水脈の集中する箇所において は、斜面表土の状態や植生変化を観察すると、コンクリート擁壁による谷部分の水脈環境の停滞が、崩壊を招く一因になっていることが、明らかに説明できるのです。

谷部の土中滞水によって土壌の安定構造が崩れて生じた土圧が、擁壁脇を崩壊させていきます。そしてそこに新たな谷地形を形成することで、自然は水脈環境を自律的に再生しようと働くのです。

これを私たちは「土砂災害」と言いますが、それは、土中環境変化に応じた自然の反作用に過ぎません。

図版4-4も同じく、２０１９年秋の台風による山林内の崩壊箇所です。崩壊によって深められた谷に、土中の水は集まりやすくなります。そのため、崩壊後の湧水の著しい増加がここでも確認されました。

しかし、その湧水は豪雨後も泥を流さずに清流を保っていることから、崩壊によって土中の通気浸透水脈が健全に再生されつつあるということが分かります。

その湧水量は、豪雨の数日後にはいったん減少しますが、増減を繰り返しながらも、全体として湧水量は増加し、やがて降雨の規模に関係なく安定していき、枯渇しない湧水となっていきます。

土砂崩壊により斜面に谷が刻まれ、停滞していた土中の水と空気が、活発に動き出し、樹木根や土中の菌糸が伸長し、土壌環境全体として安定していきます。やがて谷筋上部流域全体の通気性、浸透性も徐々に高まり、豪雨の際にも安定した状態が保たれやすくなっていきます。

谷部の崩壊に伴う湧水の増加と安定のプロセスはこのような道筋をたどるのです。

過去の土木造作を振り返る

環境の自律的な安定のためには、崩壊後の復旧工事によって、土中の水脈環境を再び停滞させてしまってはいけません。「復旧」ではなく、「安定する環境の再生」という古来の視点が必要になります。

ところが、現代の斜面崩壊復旧工事や急傾斜地崩壊の予防対策においては、表層水として目に見える部分の水を排水として処理し、斜面を固めます。そして土中の滞水については、有孔管を用いた暗渠へと誘導して排水しようとします。

そのように本来なら土中環境を涵養するべき水を遮断して排水すればよいという考え方では、土地は育たず、斜面の安定を失いかねません。

現代土木においては、土中環境の劣化に伴って発生する土圧を押さえ込むことは可能ですが、これは永続するものではなく、むしろ将来に向けては危険が増すという、いわば「副作用」を伴うものと言えるでしょう。

それでは、かつてこうした際には、どのように対処してきたのでしょうか。

図版4-5は**図版4-4**の崩壊箇所の湧水です。斜面がえぐられるとともに、停滞していた土中の水も空気も活発に動き出し、湧水の水量が増加しています。

図版4-3：千葉豪雨による接道斜面の崩落現場（千葉・緑区／2019年10月）

図版4-4：千葉豪雨による山林谷筋の崩落現場（千葉・緑区／2019年10月）

図版4-5：斜面崩壊箇所で見られた湧水（千葉・緑区／ 2019年10月）。停滞していた土中の環境が動き出した証

この崩壊箇所に向き合う際、機械力を持たなかった時代であれば、崩壊土砂をどこかへ運んで処分するとか、あるいは大地に蓋をするように無理やり固めてしまうという発想すらなかったことでしょう。

かつては、崩壊によって新たに生じた地形に応じて溝を掘り、湧き出した水をそこに誘導することで、水の流れの滞りを解消しつつ、土地を涵養していました。

崩壊箇所にさらに溝を掘ることで、土中の水の動きを円滑にし、いずれは豪雨の際にも水圧も土圧も生じない、安定した新たな地形へと導いていくのです。

素掘りの溝に誘導された湧水は、用水としても利用され、最終的には水路周辺の伏流水と共に、川底からの湧き出しとなって河川の生態系をも育むのです。

こうして、土中の滞水が解消されれば、それだけ流域全体の通気浸透性も高まります。それにより、木々の根も土中菌糸も深くまで張り巡らされ、豊かな森として育っていきます。結果的に、豪雨に対しても崩壊しにくく、河川も増水しにくい安定した土地が醸成されていくのです。

土地の自律的な安定のためには本来、土中の水と空気の円滑な動きが保たれることが不可欠であり、機械力もコンクリートも持たない時代において、自然の作用に逆らうことなく、土中の通気浸透環境を傷めないための配慮が不可欠だったのです。

そうしたかつての水脈改善のための土木造作の名残は、今も至るところに見られます。

図版4-6は道沿いの斜面際にかつて掘られた素掘りの溝です。4日間も続いた記録的豪雨の翌日でありながら、斜面に土砂流亡の痕跡もなく安定し、溝を流れる水は清冽な状態が保たれています。

傾斜の変わり目となる斜面際に溝を掘ることで、斜面に染み込んだ水は溝の底から湧き出してはまた染み込み、地下水と連動して滞りなく動くため、豪雨でも崩れることはめったに起こらないのです。

また、こうした溝の周囲には伏流水の水域も連動して形成されるため、ここが豪雨時には洪水調整機能として働きます。

溝を埋めてしまうことによる、環境の変化を見ていきます。

図版4-7は同じ日の同じ斜面際で起こった崩壊箇所です。ここでは溝は埋められ、表土流亡防止のためにコンクリート擬木による土留め板が施されていました。

こうした箇所は土中滞水のために、本来の林床植生が保たれずに荒れたヤブとなり、深部の根系は消えて根は表層のごく浅い位置に集中します。そうなると土壌は安定構造を失い、本来の円滑な水脈は目詰まりし

図版4-6：道沿いの斜面側に掘られた溝（「鶴仙渓」石川・加賀市／2018年7月）

図版4-7：図版4-6の現場近くで同日に起こっていた斜面崩壊

図版4-8：紀伊半島豪雨（2011年）で起こった山腹崩壊箇所の修復の様子（奈良・十津川村／2013年）

ていきます。それが豪雨の際に滞水し、その重量を支えることができずに崩壊が起こったと考えられます。

観測史上最大の雨量を観測したというこの遊歩道沿いの斜面においては、溝が健全に残された箇所では崩壊がなく、こうして溝をつぶした箇所のみ、土砂崩壊が起こっていました。

この事実は、現代の防災対策や建設土木全般において、忘れ去られた大切な視点を示唆しています。

土中の通気浸透水脈の保全のために行われたかつての溝堀や山際の池などの掘削は、土壌環境を豊かに保つことで持続的な安定を得ようとしてきた、自然の理に適った土木造作だったのです。

図版4-8は、2011年の紀伊半島豪雨の際の山腹崩壊箇所の修復状況です。現在、こうした崩壊箇所は上部まですべて、コンクリートで固められていることが多い状況です。

自然が自ら安定に向かうべく形成した谷地形を固めてしまうことで、回復に向かった斜面は再び塞がれて不安定化してしまいます。

これにより、周辺山地の通気浸透機能の劣化が生じ、斜面支持工事の施された箇所の周辺において崩壊の危険が高まってしまうという、悪循環に陥っていると言えるでしょう。

「崩してはいけない箇所を短期的に確実に押さえる」ということは、現代土木の得意とするところかもしれません。しかしながら、それはコンクリートの耐久年数に頼らざるを得ないばかりでなく、周辺地域を広域にわたって崩壊のリスクにさらすことにつながるのだとしたら、この方法は決して持続可能とは言えないのではないでしょうか。

災害はますます広域化し、脆弱な土壌環境は広がります。この状況を克服するためには、自然の作用反作用の生成プロセスを知り、環境が豊かに安定していくことを主眼にした防災対策、インフラ整備の在り方へと軌道修正していくことが必要となるでしょう。

03

石垣や道の造作に見るかつての土木の視点

今、台風や豪雨の度に河川の氾濫や浸水、土砂災害などの件数は年々加速度的に増加していることが、統計的に明らかにされています。

このことを、単に気候変動に原因を集約してしまうことは、安直と言わざるを得ません。複雑な原因を一つだけに集約してしまえば、一方でそれが、現代の文明社会や、それを支える土木建設の在り方から目を背けさせることになり、根本的な災害緩和につながらないからです。

繰り返される「破壊」行為

豪雨などにより引き起こされる道路の崩落は、土中滞水しやすい箇所に水圧が生じることで起こることは先述しました。崩壊の度に土留めが施され、道路は補修されますが、するとまた、周辺の他の箇所が崩壊するということが起こり、これが繰り返されるのです。

その結果、「斜面は固めた上でさらに堅固な道路をつくればよい」という発想に至ってしまうのが現状です。

大規模な機械力や力学的な面での建設土木技術の進歩が、今の状況を招いた一因であり、その結果、周辺の自然環境に及ぼす影響は非常に広範囲です。たとえ山際の一本の道路の崩落であっても土中の水脈でつながる流域全体でその原因を探らなければ、現代の土木建設においてはすべてが「破壊」につながるという悪循環から抜け出せないでしょう。

無理やり押さえ込むという現代の発想に対し、機械力のないかつての土木造作においては、土中の水の動

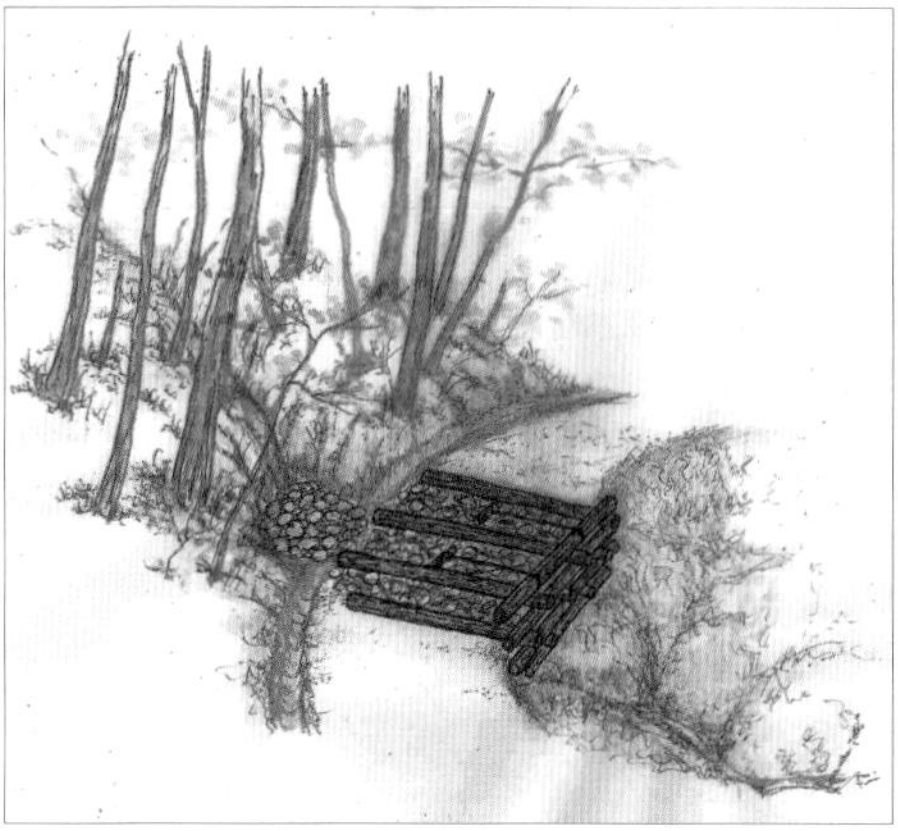

図版 4-10：古道際にある横断道の地下構造イメージ図

図版 4-9：熊野古道（和歌山・田辺市）谷部の巻き道

きを円滑に保ち、地形自らを安定させるほかありませんでした。悪循環から抜け出すために、こういったかつての技術と視点を見直す必要があるのではないでしょうか。

古道に見る忘れ去られた智慧

谷部の巻き道造作の名残は、今も山道や古道で随所に見られます（**図版 4-9**）。水脈の集中する斜面際においては、丸太が井桁に組み上げられています。丸太の間には透水性の良い玉石などを敷き詰め、その隙間に藁や萱などを挟み込むというのが、昔からの定石の工法でした。

古道際の横断道、地下構造を図示します（**図版 4-10**）。谷部分を見ると湧水が染み出す箇所では山側に縦穴を開けて、道路の下の水脈へと水を誘導しています。谷側も水が染み込みながら流れていくことで、土中の通気が促され、大雨の際にも泥を流亡しにくい安定した谷となるような配慮がなされていました。水と空気が

図版 4-11：熊野古道の石畳（和歌山・田辺市）。今も崩れることなく周辺環境と一体化している

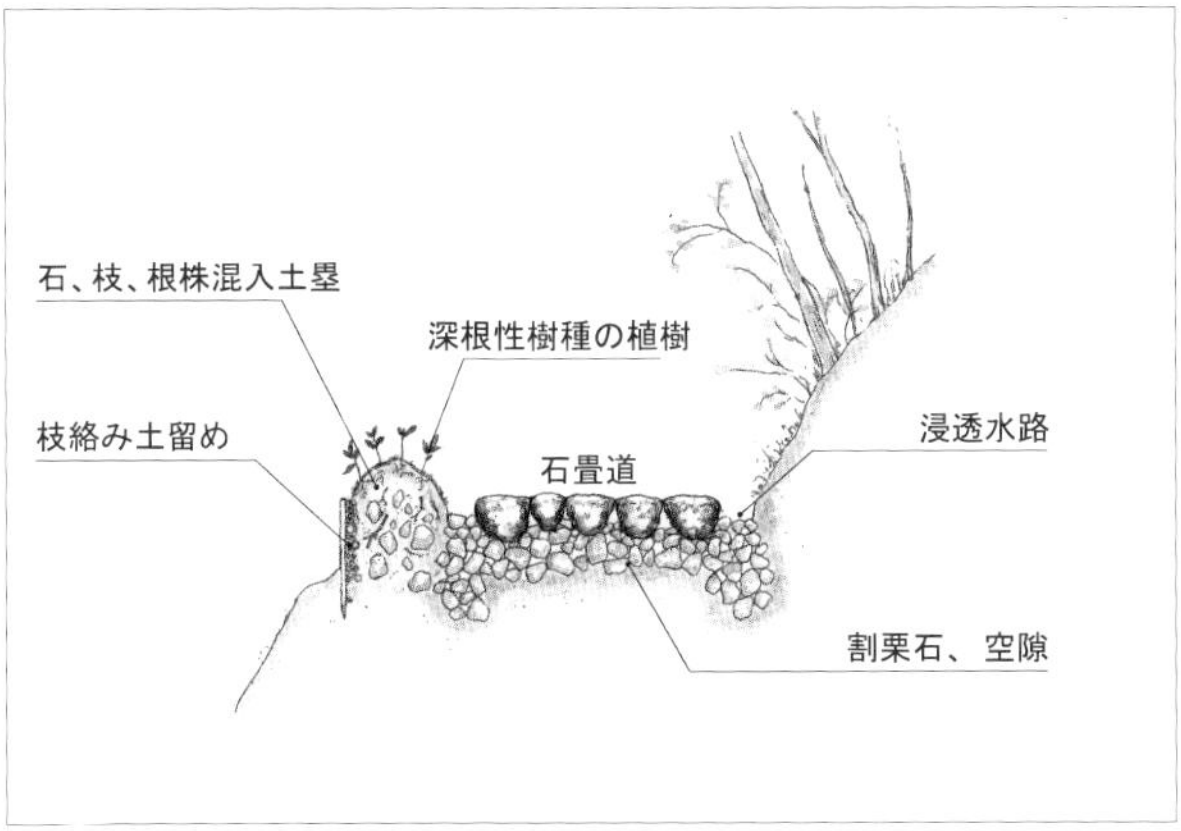

図版 4-12：古道の石畳、施工時イメージ断面図

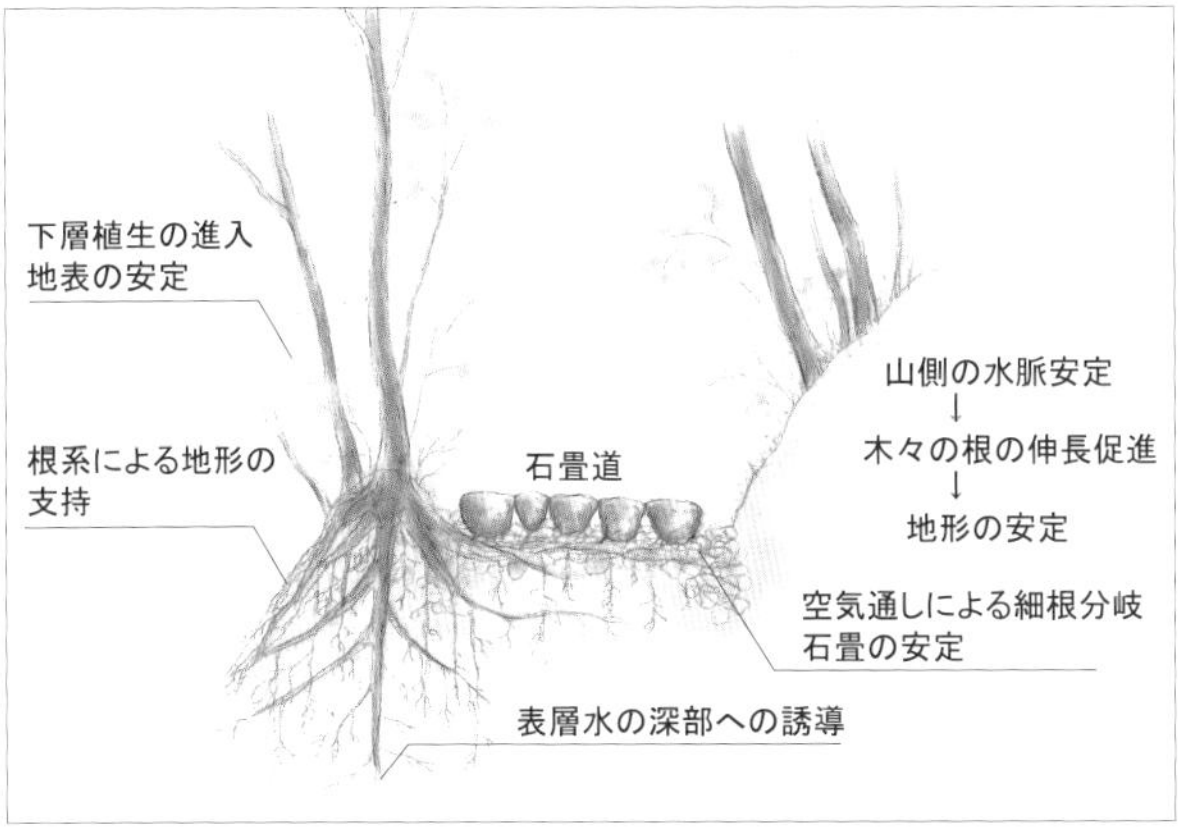

図版 4-13：図版 4-12 の数年後のイメージ断面図

円滑に土中を通過することで、道の下にも樹木根が進入し、井桁状の丸太組みを安定させるのです。丸太が朽ちていく代わりに根が深く入り込むことで、道が持続的に安定するという工夫が、かつては普通に行われていました。

これを数百年の時を超えて実証している一例が熊野古道です（**図版4-11**）。しっかりと土木造作された古道は今もなお、崩れることなく周辺環境と一体となって残ります。そこには、今は忘れられてしまった貴重な智慧が隠れています。

石畳の古道は、路面の石の間にも樹木根が入り込み根と石畳が一体となるため、地震でも豪雨でも崩壊しにくい構造となります。石畳は急傾斜になればなるほど、凹凸がつけられます。それが足掛かりとなって歩きやすいだけでなく、急傾斜であっても雨水の流れる速度を緩和することができ、地中に浸透しやすい状態を保ちます。

また、かつての古道には、道の脇に素掘りの溝が設けられています。この溝は、斜面の際《キワ》で土中の通気浸透性を保つために設けられたもので、現代のコンクリートU字型側溝のように「排水」を目的とする意図ではありません。この点が実はとても重要なのです。

人間のさまざまな活動に伴って地形を変える度に、その地形の形状で土地を安定させることが必要になります。

地形の自律的な安定のためには、雨水が染み込んで、土中の環境が豊かに涵養されることが必要になります。そのため、昔は地形の造作や町の整備の際には必ず溝やお堀が掘られてきたのでした。

図版4-12は古道石畳、施工時の断面図です。山の斜面際に深めの溝を穿ち、そこに石をかみ合わせて浸透溝を保っています。谷側には枝葉を絡めたり、石を積んだりして路肩を盛り上げ、そこに樹木苗を植えます。数年経過すると、それらの苗木が石畳の下へ、通気する溝の中へと根を伸ばし、斜面の既存木とつながるようにして石畳を土中で抱え込んでいきます。（**図版4-13**）

木々が根を張る環境が健全に保たれてさえいれば、古道は風土の一部として溶け込み、半永久的に崩壊す

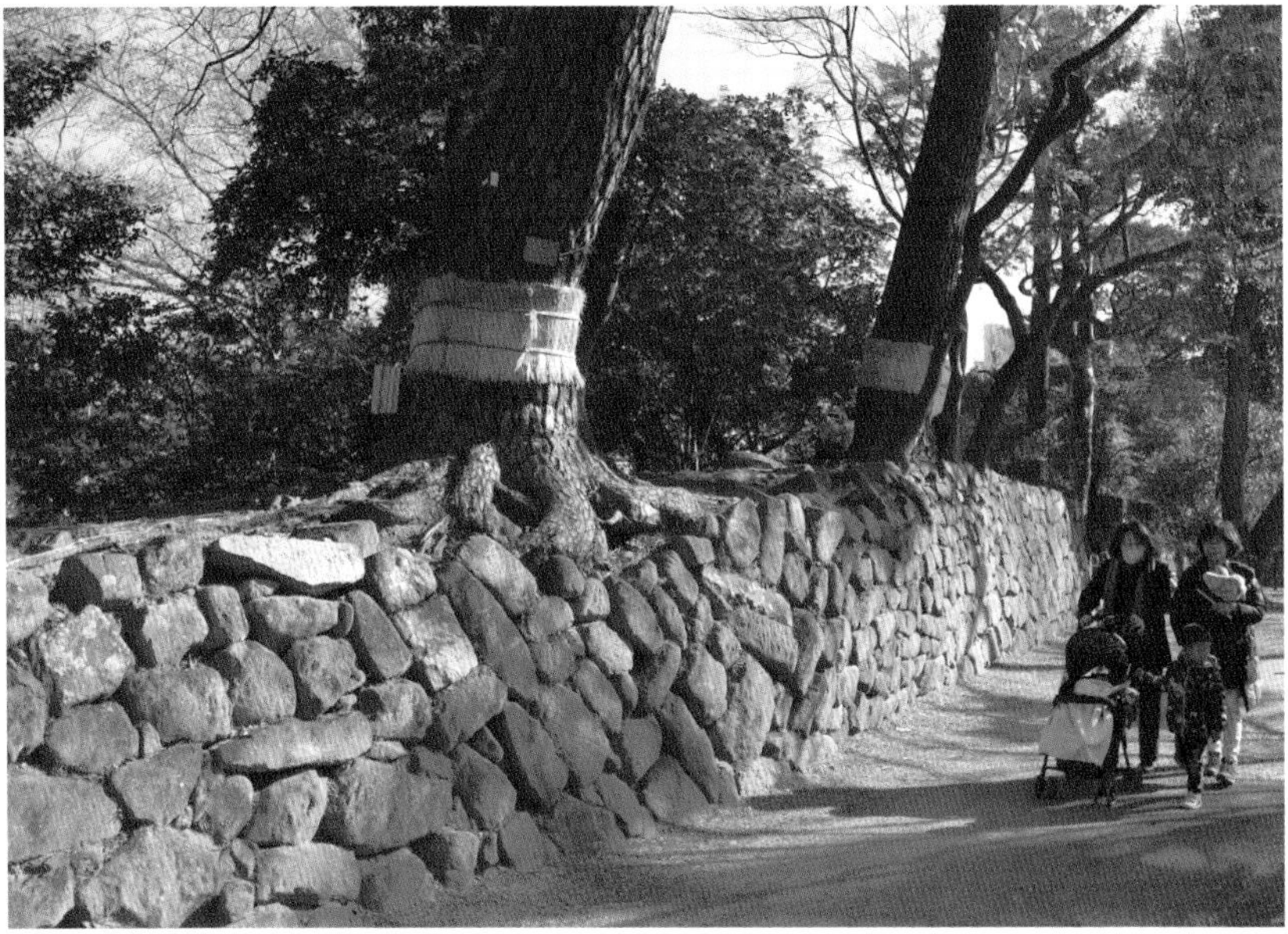

図版 4-14：岡崎公園（愛知・岡崎市）内の築城された頃に築かれたかつての石積

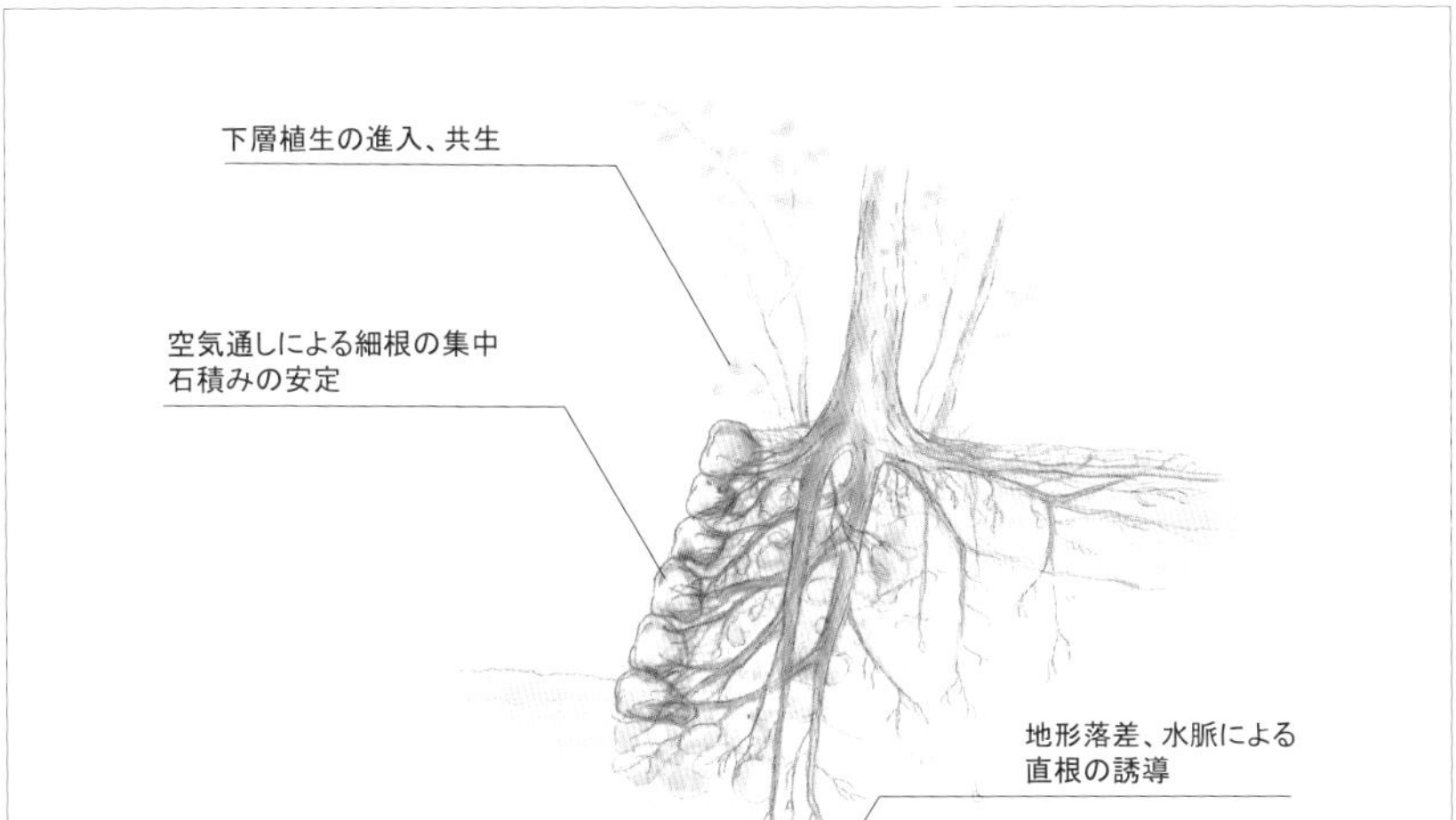

図版 4-15：かつての石垣と樹木根のイメージ断面図

ることはないのです。

土地の風土環境と一体化させることで永続的に安定させる。

暮らしの環境整備という視点で造作されていたかつての土木においては、「老朽化」という言葉は意味を持たないのです。

土木造作が風土・風景をつくる

道に限らず、かつての土木造作においては必ず、土中の通気浸透水脈への配慮の視点がありました。昔に造作された石垣の上や間に巨木が生えている光景は、今も社寺や城址などで見られます。（**図版4-14**）

それらは台風でも根返りすることなく、石垣を崩すこともなく、樹木と一体となって共存しています。石垣はそこに根付く木々の根によって保たれ、そして樹木は石垣がつくり出す環境によって健康を保つのです。

図版4-15は石垣と樹木根の断面図です。切り立った石垣がつくる高低差によって、上部は水の浸透が良いため樹木がよく育ち、水と空気の動きが保たれる石垣の合間に根を張っています。木々は、心地良い環境を壊そうとはせず、この状態で安定し、共存するのです。

こうした木々が根の張りやすい環境をつくるために、土中の通気浸透水脈環境に着目して施工されてきた経験的な智慧が見られます。

図版4-16はかつての石垣施工の施工断面図です。石垣を積み上げる際、背面の裏込め石の合間へ層状に藁や枝粗朶を挟み込んだ記録や痕跡が残っています。なぜ有機物を挟んだのか、その最大の理由に、藁や萱などの有機物を挟み込むことで、上部から染み込んだ水の通り道を確保し、土圧・水圧の発生しにくい状態をつくるという点があります。

機械力もなく材料の運搬手段も限られていた当時、石垣の多くは時間をかけて積まれました。施工期間中に崩壊や裏込め部分の泥詰まりを防ぐためにも、施工中の養生として藁などを被せ、そしてまた石を積み進んでは、先に層状に被せた藁や粗朶などの上に裏込め石を詰めていき、適度に有機物が挟み込まれる状態が

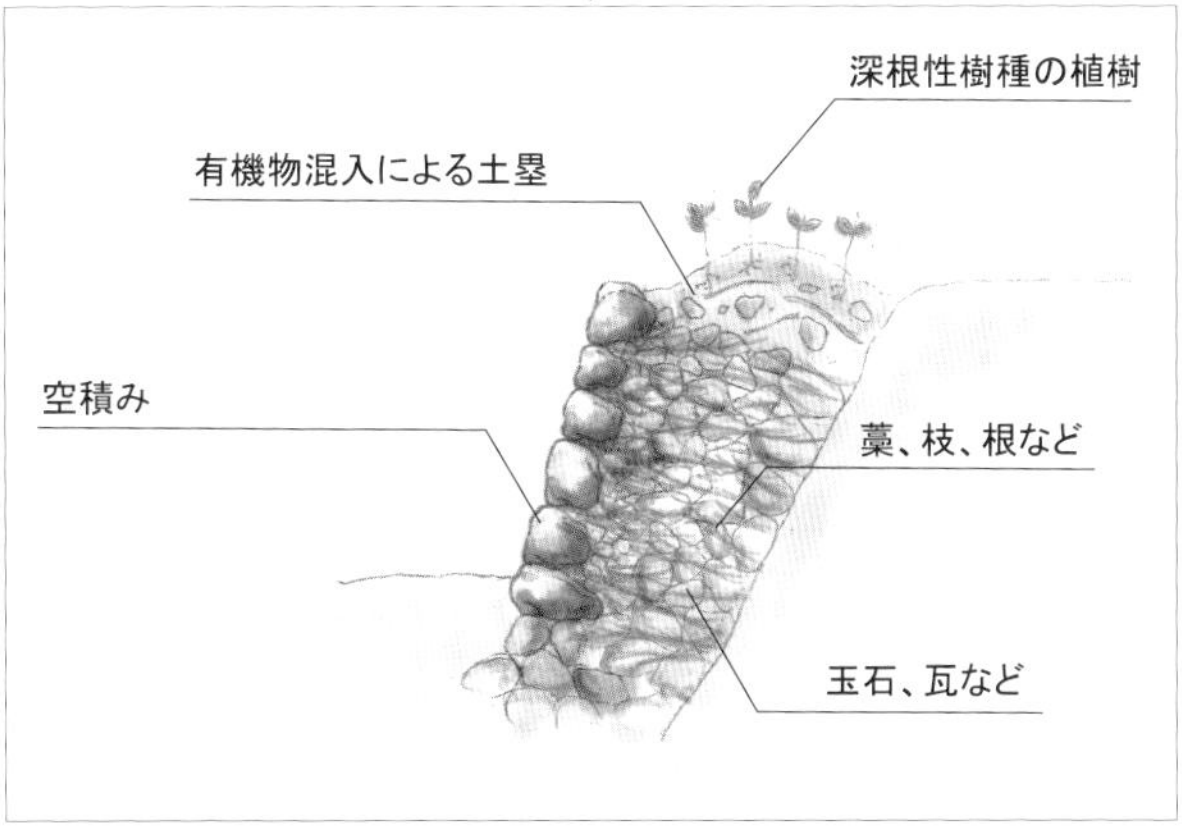

図版 4-16：かつての石垣施工時のイメージ断面図

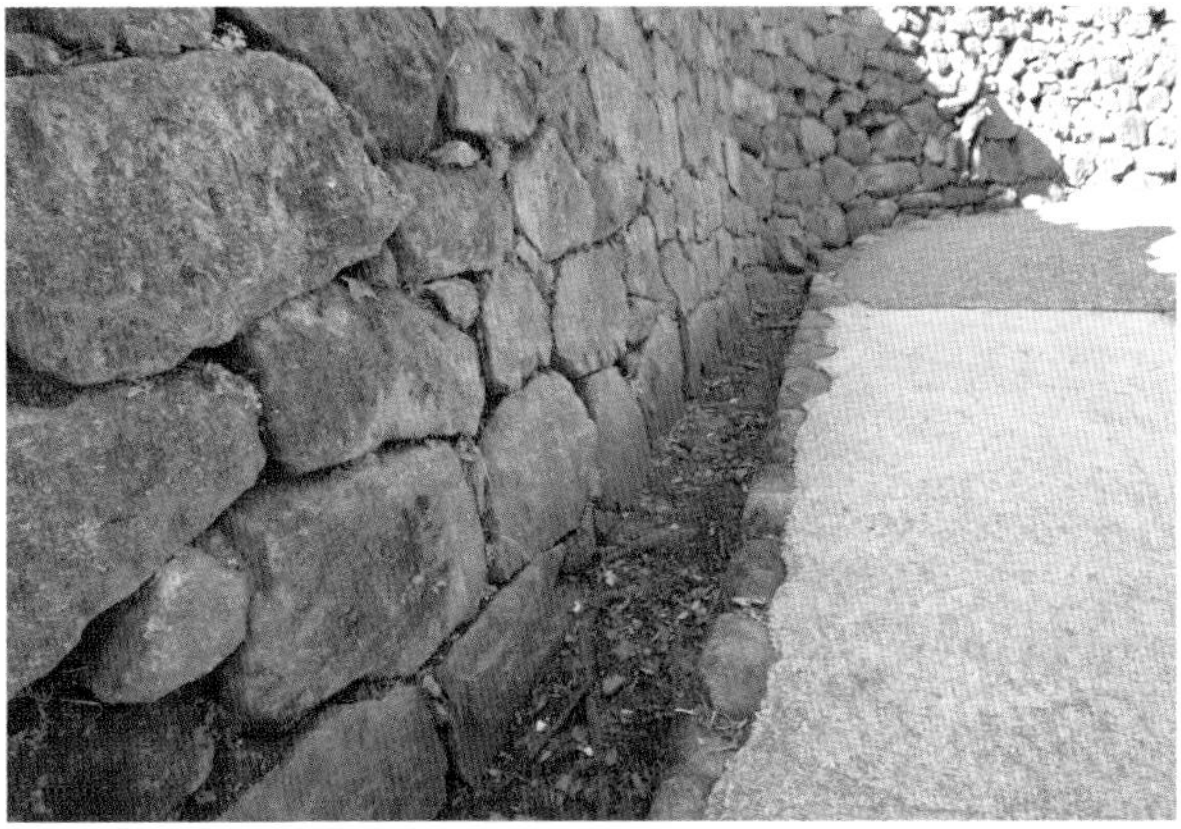

図版 4-17：石垣の下の溝。石垣背面の水と空気の円滑な出入りを促す

図版 4-18：自然の営みとともに風景をつくってきたかつての土木造作

出来ていったと考えられます。

こうした層状の有機物の挟み込みは、古代より堤防や土手、土塁や古墳などの盛土の造作では普通に行われていたことです。そして、石垣の上に樹木苗を植え、木々の根を石垣に誘導することで、長年の風雨に耐えて持続させてきたのでした。

かつては石垣の下に堀や溝もまた掘られていました。これは、石垣背面の水と空気の円滑な出入りを保つという、安定のために大変重要な土木造作であって、現代で考えられているような単なる排水側溝ではないのです。（**図版4-17**）

また、こうした溝には太くなった樹木根が集中している様子が見られ、根系が深く細かく張り巡らされています。このことで大量の水を深部に誘導すると同時に、乾燥時には逆に深部から水分を引き上げ、それにより土中の湿度を適度に保ち、乾燥による風化や剥離から石垣を守ってきたと考えられます。

自然の営みと一体となって健全な大地を保ちながら、風景・風土をつくる。それがかつての土木造作だったのです。（**図版4-18**）

その造作を通じて環境はより良い形で息づき、安定し、人の営みの積み重ねが豊かで安全な郷土を育んできました。今、土木技術の近代化と共に、人の営みは以前とは異なり、土木建設の度に環境を傷め、自然の絶妙な調和も循環も遠ざけてしまっています。それは自然界の作用反作用の仕組みに対する無知に起因するように思えてなりません。

昔の暮らしの土木造作の中から、今、失ってしまった根本的な智慧と視点を取り戻していくことが急務と言えるのではないでしょうか。

04

平野開発におけるかつての土木造作

かつて人はその土地における長年の営みの中で、その土地の気象、地形、環境を把握し、土地を傷めることを避けながら、暮らしの環境を育んできました。人の営みと土地環境との調和の積み重ねの中で、安全で快適な住まいの環境を育んできたと言えるでしょう。

そんな人の営み、土地造作について、現在日本人の大半が暮らす沖積平野を水害から守り安定させてきた昔の土木造作を通して見ていきたいと思います。

安定しない平野に降りてきた理由

図版4-19は関東平野、利根川沿いの沖積地の航空写真です。沖積地（沖積平野）は低地と台地に分類されますが、いずれも河川氾濫と土砂や有機物といった、増水時の河川運搬物の堆積によって、ごく新しい年代（過去1万年程度の間）に生成された土地のことです。

平野が平らな理由は、河川の氾濫や海進による浸水、さらに度重なる巨大地震に伴う液状化で土地が均されたからです。つまり沖積平野は、その多くは本来、水はけが悪く不安定な土地であったのです。

関東平野における地形起伏図を見てみます（**図版4-20**）。低地はグレーで表示されていますが、そこは沖積低地とも呼ばれています。今よりも気温の高かった縄文時代には水没していて、海底で平坦化した土地です。

現在この低地の多くは人口密集地となっていますが、1900年代初頭までは、こうした沖積低地での居住は主に、自然堤防（河川氾濫時の幹枝などの有機物と土砂の堆積によって生じた微高地）や、段丘の縁などの比較的安全な微高地に集中し、平坦な低地への居住はほとんどありませんでした。

沼地のような低地は主に水田として利用されると同時に、洪水時には、広大な遊水池として機能し、住まいの安全を保ちました。さらに利水、治水のための素掘りの溝が水田に張り巡らされて、円滑な水はけを促してきたのです。

つまり、洪水と共生しつつ安全で豊かな大地の恵みを享受してきたのが、沖積平野２０００年の歴史の営みだったと言えるでしょう。

地形高低差に乏しく水はけが悪いがゆえに、水田用地として開発の始まった沖積地は、平坦なため現代は

図版4-19： 上空より見た関東平野・利根川沿いの沖積地

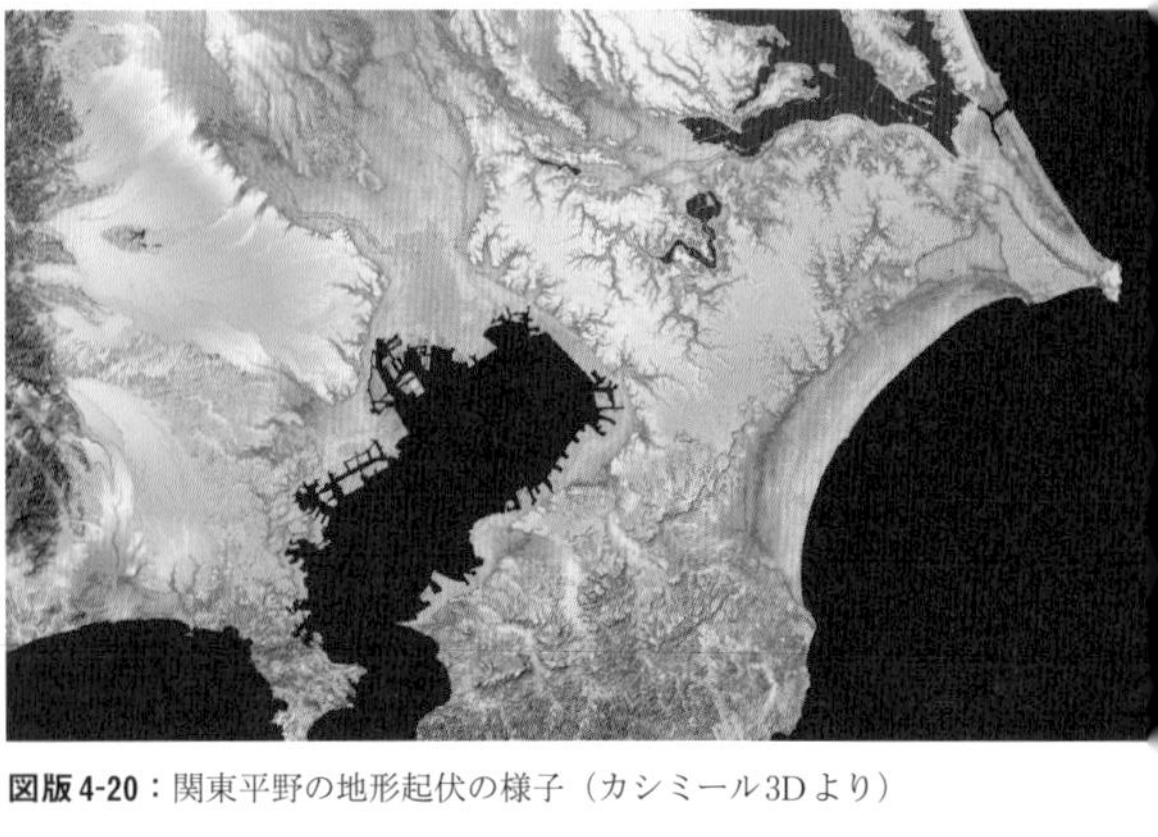

図版4-20： 関東平野の地形起伏の様子（カシミール3Dより）

都市化が進み、大都市もまた沖積地に集中します。（**図版4-21・4-22**）

かつては家屋を建てられなかったような地盤条件の悪い低地でも（**図版4-23**）、これほど大規模な都市化を可能にしたのは、言うまでもなく現代の土木工学技術の発達によるものです。

それだけを見ると、一見、文明や技術の進歩が自然を克服してきたかのようにも思えます。ところが近年、水害土砂災害の多発も広域化も一向に収束しないばかりか、安全も安心もますます遠ざかっているようにも感じられます。防災・減災に対する発想の根幹を見直す時期ではないでしょうか。

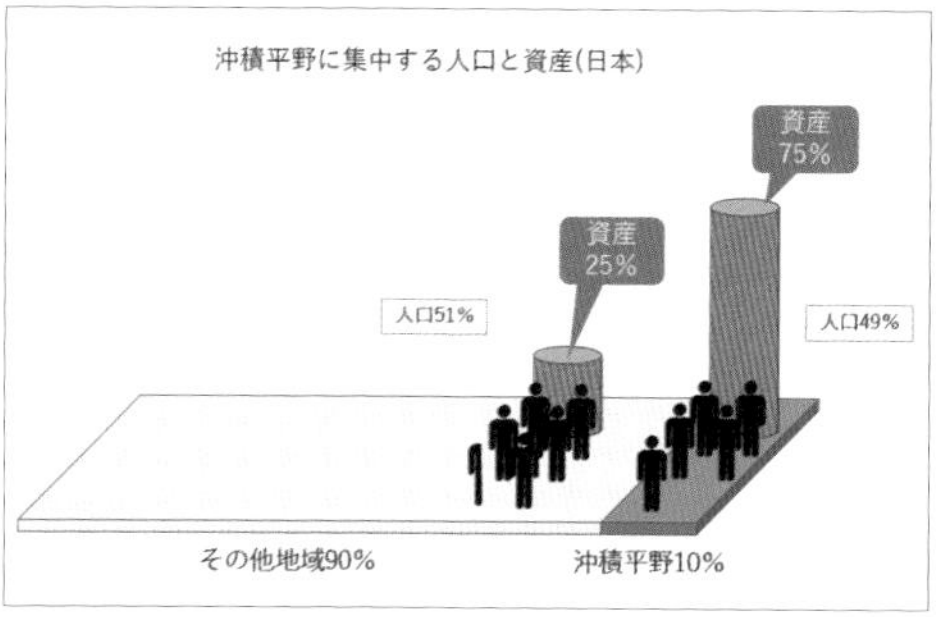

図版4-21：沖積平野に集中する人口と資産（日本）　出典：「河川事業概要2004年」国土交通省HP

図版4-22：沖積地は平坦なため開発が進んだ（静岡・浜松市）

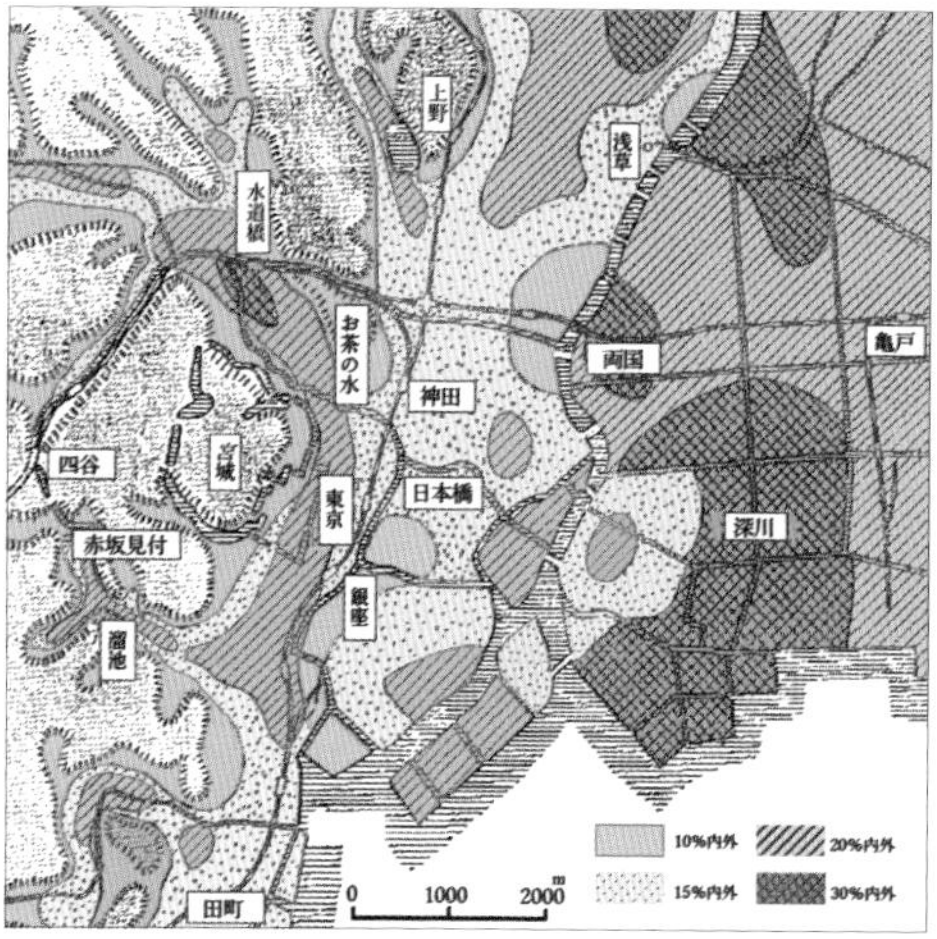

図版4-23：関東大震災における震度加速度分布図　出典：貝塚爽平著『東京の自然史』講談社学術文庫、2011年

水と空気の流れの健全化を常に意識していたかつての土木造作

堆積物で構成され、水はけの悪い不安定な土地（＝沖積地）である盆地や大河川下流域などへの人口の移動は、縄文後期以降の稲作開始にさかのぼります。

昔の人は水害や地震被害のリスクを負いながらも、さまざまな土木造作を行い、沼地のような沖積平野を耕作可能で安全に暮らせる土地に変えてきました。

伝統的な土木の視点は、常に土中と地上を行き来する風水（水と空気）の流れの健全化にありました。そのため、土中に滞水しやすい沖積地の開発において、必ず行われていたのは、河川の掘削や付け替え、お堀や水路、溜池の掘削でした。今も古い町には、道路沿いや屋敷沿いなどに水路を張り巡らせた、伝統的な土木造作の名残が見られます。（**図版4-24・4-25**）

現在はこうした水路は単なる排水路としてしか考えられていませんが、かつては至るところで清流が流れ、生活用水としても利用されてきました。

水が汚れるのは、水脈の分断や排水の流入などによる伏流水層の停滞が原因です。この伏流水層の重要な意味については、現代の土木工学技術に基づくインフラ整備においては、いまだにほとんど顧みられることはありません。

昔の町は水路を巡らせることで、土中に膨大な伏流水層を育て、それが水害時の洪水調整に大きく寄与してきました。また平時においても、水路の地形落差によって、水はけの悪い低地を水が浸透しやすい環境に変え、健康で豊かで安全な暮らしの環境をつくり出しました。さらに道を整備し、町の条理を整える際、水路を確保し、石を積み、木を植えて、土中の水の円滑な動きを守ってきたのです。

土中の水は石垣の隙間や底部から染み出して水路を流れつつ、伏流水域を涵養します（**図版4-26**）。これを現在の土木建設のように、水路をコンクリートで遮断してしまえば伏流水層は消失し、土中の水は停滞し、健康な大地による涵養機能も失ってしまうのです（**図版4-27**）。しかも一度水害に遭えばさらに人工的な対処がな

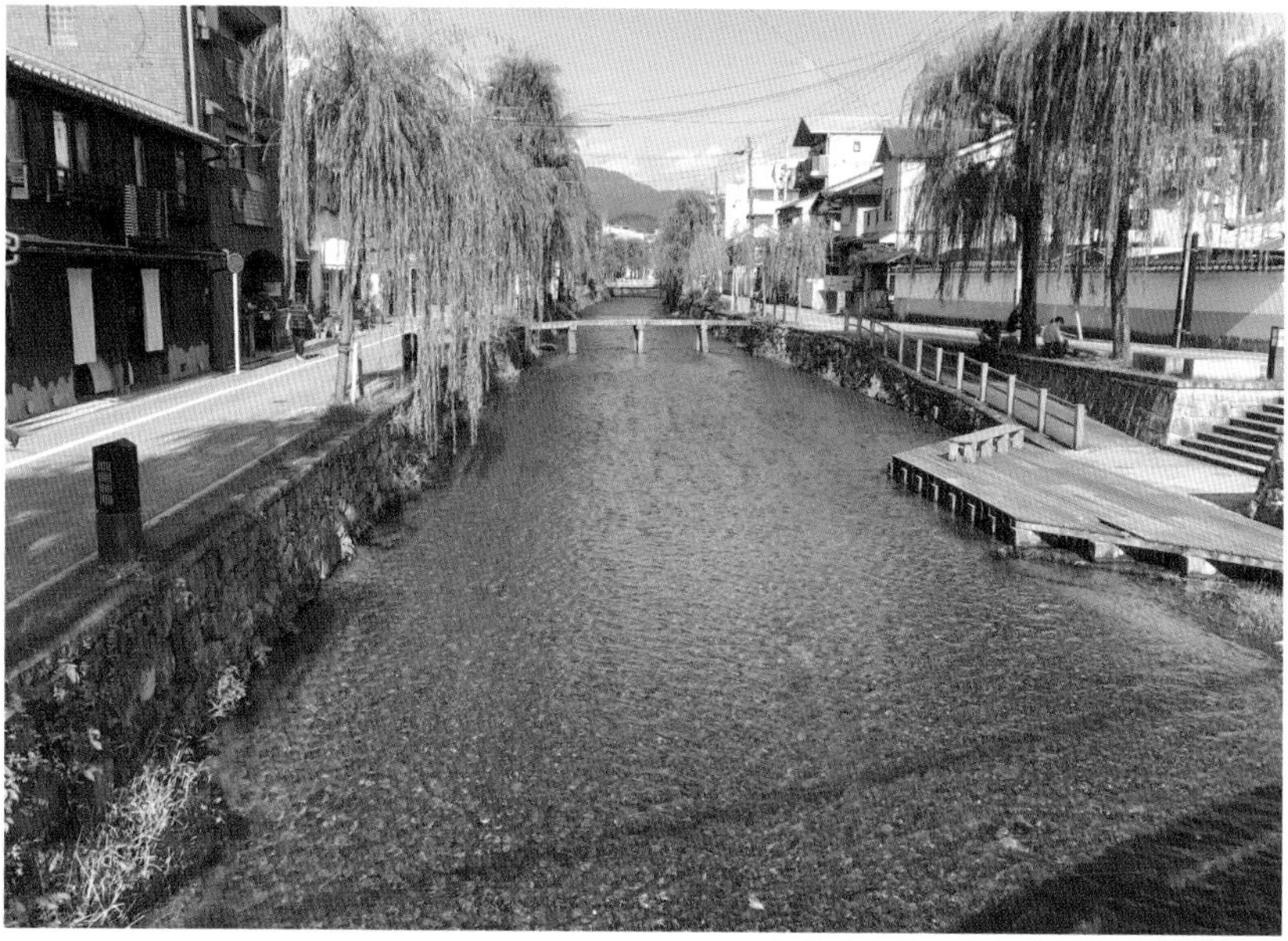

図版4-24：京都盆地を流れるかつての土木造作が生かされた人工水路（白川通り）

図版4-25：自然の力を巧みに利用した今に残る水路や石垣は風景をつくる

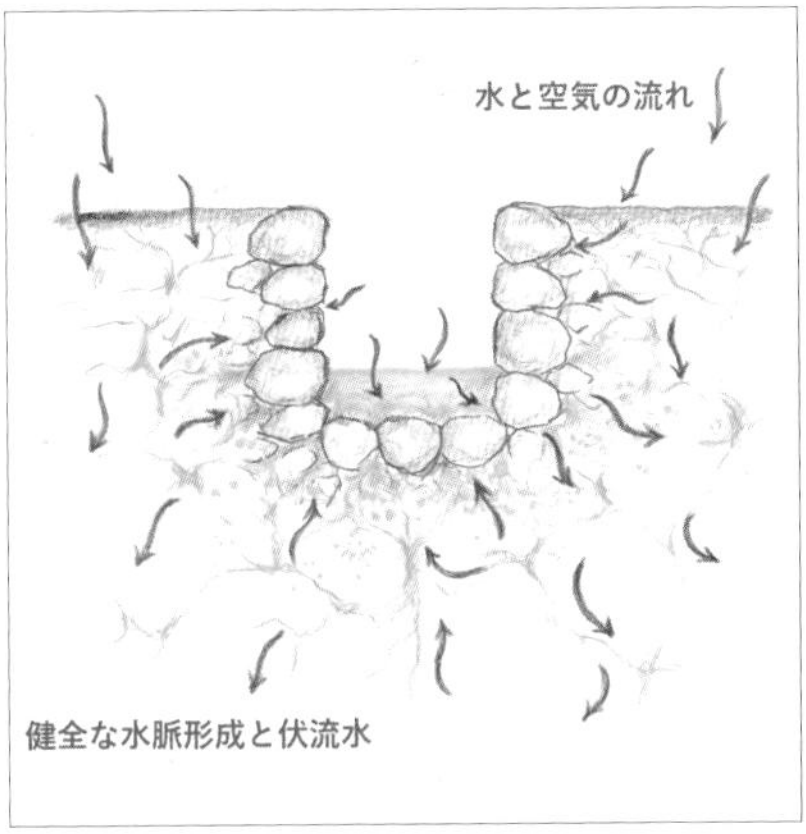

図版4-26：健全な水脈形成と伏流水イメージ図

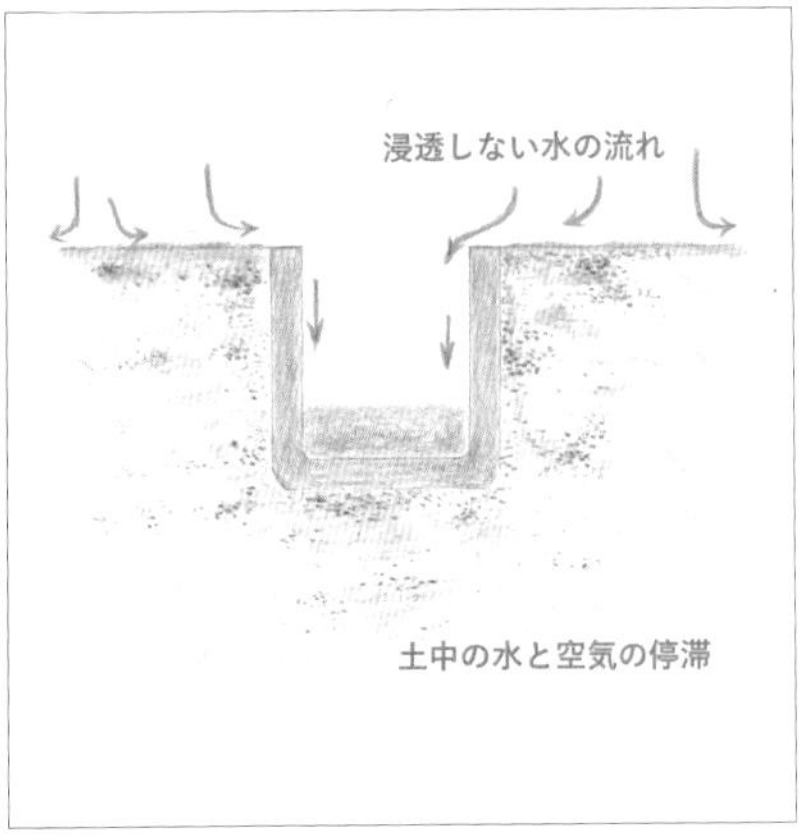

図版4-27：コンクリートで固められた側溝付近の土中環境イメージ図

されるという悪循環に陥ります。

自然が醸成する土中の環境への視点を持てなければ、この悪循環から脱することはできないでしょう。

本来は一体であるはずの自然の営み

かつて平地のあちこちにあった溜池や弁天池は、単に利水のためだけでなく、土中の水を集めてそこに湧き出させることによって、平野を安定させ、生活環境の安全と同時に清冽な用水を得るためのものでした。（**図版4-28**）

これは現代の調整池のように、排水の流出量を調整するという表面的な視点とは全く意味合いを異にする、深い視点があったと言えるでしょう。

見えない土中の水脈環境に対する配慮のない周辺開発の在り方や暮らし方が原因となって、これまでの暮らしの智慧の奥深い意味が忘れ去られています。同時に、私たちは持続的な暮らしの安全や、その土地での営みの永続を保証し得るはずの豊かな生態系をも失いつつあるのです。

平野に張り出す丘陵に神社や祠を勧請して鎮守の杜を守り、そして奥山を動物たちや神々の住む神域として大切に育ててきたのも、安全で豊かな生活環境を保つための一環でした。（**図版4-29**）

図版4-28：かつて平地に設けられた弁天池や溜池は、灌漑に用いられるだけでなく平地を安定させる役割も担っていた

図版4-29：鎮守の杜が大切にされてきたのは、安全で豊かな生活を守るためでもあった

うっそうとした森に覆われた山地に染み込んだ水がポンプとなって土中の水と空気を循環させて谷や川に湧き出させる――。その循環の中で大地は深く呼吸し、息づき、それが私たちの生活の糧となり、健康な水と空気、山と里、そして川と海という一体のつながりが

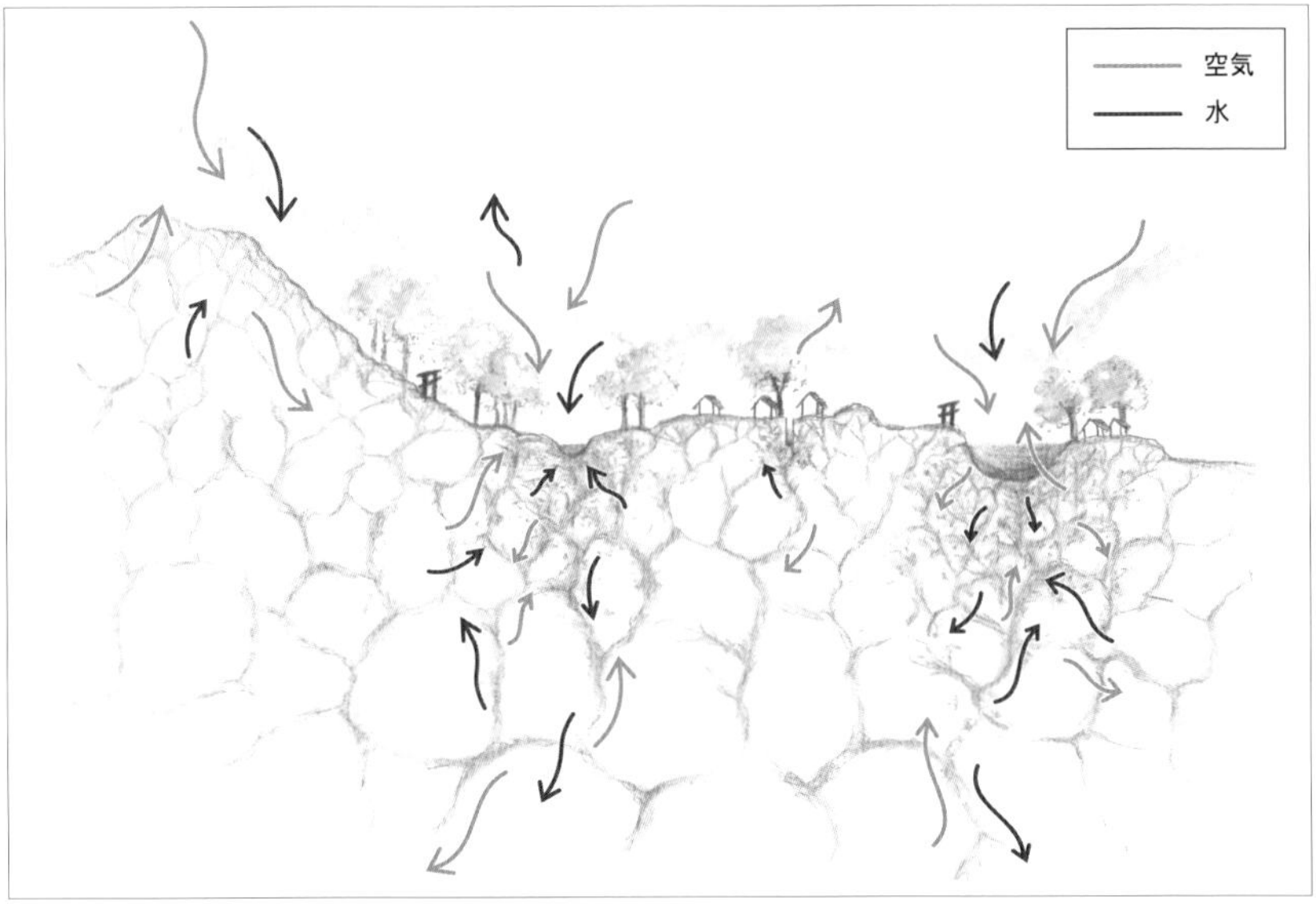

図版4-30：風水（水と空気）の循環を大切にしてきたかつての里山のイメージ図

矛盾なく保たれてきたのでした。

山を守り、川を汚さず、見えない大地の下の水の動きに気を配る、そんな暮らし方が美しい風土を育んできたと言えるでしょう。（**図版4-30**）

すべてのいのちは風水（水と空気）の循環の中で息づき、その中で自然は平衡状態を保とうとするものであって、そこに初めて、本当の意味で持続的というべき、健康で豊かで安全な暮らしが保たれるのです。

海と山と川と町とをそれぞれ分断して都合よく管理してきた現代。本来一体であるはずの自然の営み全体に心を向けることのない在り方の先に、持続可能な文明は存在しないということに今、多くの人が気づき始めています。

自然の理に敬意とおそれをもって尊重し、その中で生かし合ってきたかつての暮らし方、その意味を今こそ問い直し、自然界における人間の役割、文明の節度をどこに持つべきか、そこに立ち返ることが急務と言えるでしょう。

第５章

土中環境改善の実例　５例

環境改善後の松林。下草も充実し心地良い空間に（2016年6月）

01

太夫浜 海辺の森、海岸松林の環境改善

新潟市北区　２０１５年11月〜２０１８年10月

プロジェクト概要

海岸砂丘沿いに松林が造営され、飛砂防備保安林および保険保安林に指定されている。ところが近年、マツノザイセンチュウ（マツクイムシ）の被害が拡大し、毎年の農薬散布にかかわらず、松の枯死は一向に収まらず、海辺の森は崩壊の状態にあった。

２０１５年、通気浸透環境改善の実験実証区を設定し、薬剤による防除を停止して土中環境の改善および経過観察を行った。その結果、２０１５年11月の改善着手以来、４年間（２０１９年現在）、マツノザイセンチュウによる枯損はゼロとなった。

環境改善前の松林の状態
（2015年11月）

土中の通気浸透環境改善のための改善計画図（2015年11月）
青線＝横溝掘削と炭、枝葉の埋設
赤丸＝縦穴通気浸透孔
黄色＝埋もれた遊歩道とその際《キワ》の溝堀りによる表層水脈の改善ライン

通気浸透環境改善、試験施工区

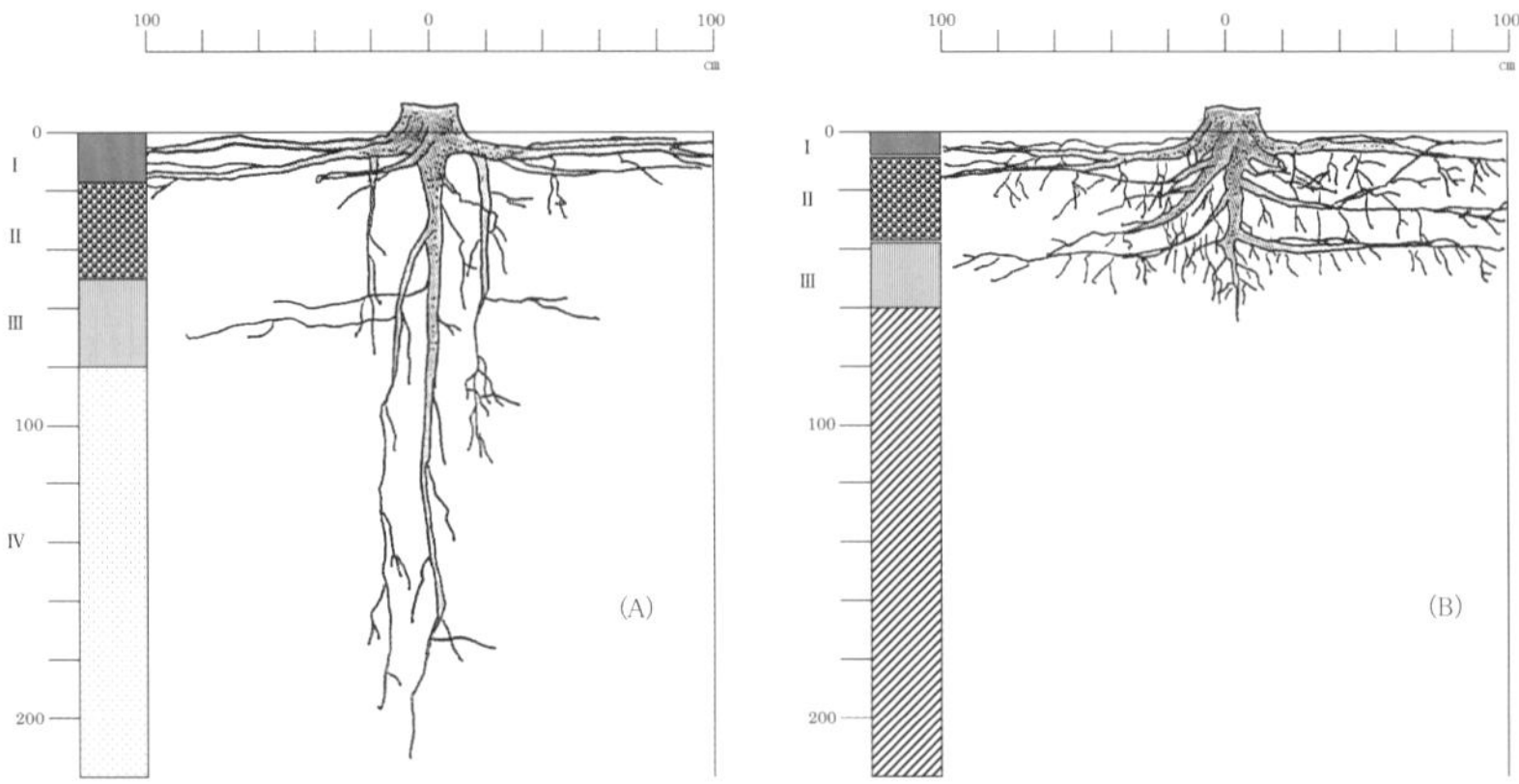

Aの砂土層

Ⅰ層：細かい砂
Ⅱ層：礫混じりのやや粗い砂
Ⅲ層：細かい砂
Ⅳ層：やや粗い砂

Bの砂土層

Ⅰ層：細かい砂
Ⅱ層：礫混じりのやや粗い砂
Ⅲ層：細かい砂
以下土壌図の斜線部は地下水

《地下水位が低くて乾いた砂土(A)と地下水位が高くて湿った砂土(B)におけるクロマツの根系》
Aは主根の生長が良くて根系の最大深さは210cm、Bは悪くて60cm程度
胸高直径：Aが24㎝、Bが26㎝
樹高：Aが8m、Bが9m

地下水位によるクロマツの根系の伸長を比較したグラフ。「地下水位が低くて乾いた砂土（A）と地下水位が高くて湿った砂土（B）におけるクロマツの根系」／刈住 昇著『最新　樹木根系図鑑』誠文堂新光社、2010年
根系の深部伸長の阻害は、地下水位の高低が原因ではなく、実際には土中の水と空気の停滞が引き起こす。土中の通気浸透促進のための溝堀りと効果的な縦穴の掘削と配置によって、深部まで根系成長を促す

林内に溝と縦穴を掘削することにより、表層に地形落差が生じ、土中に水と空気の動きを生じさせる

通気浸透環境の改善作業。横溝を掘り、縦穴に竹筒で気抜きし、そこに枝葉を絡ませていく

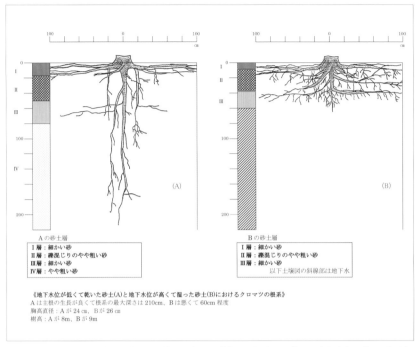

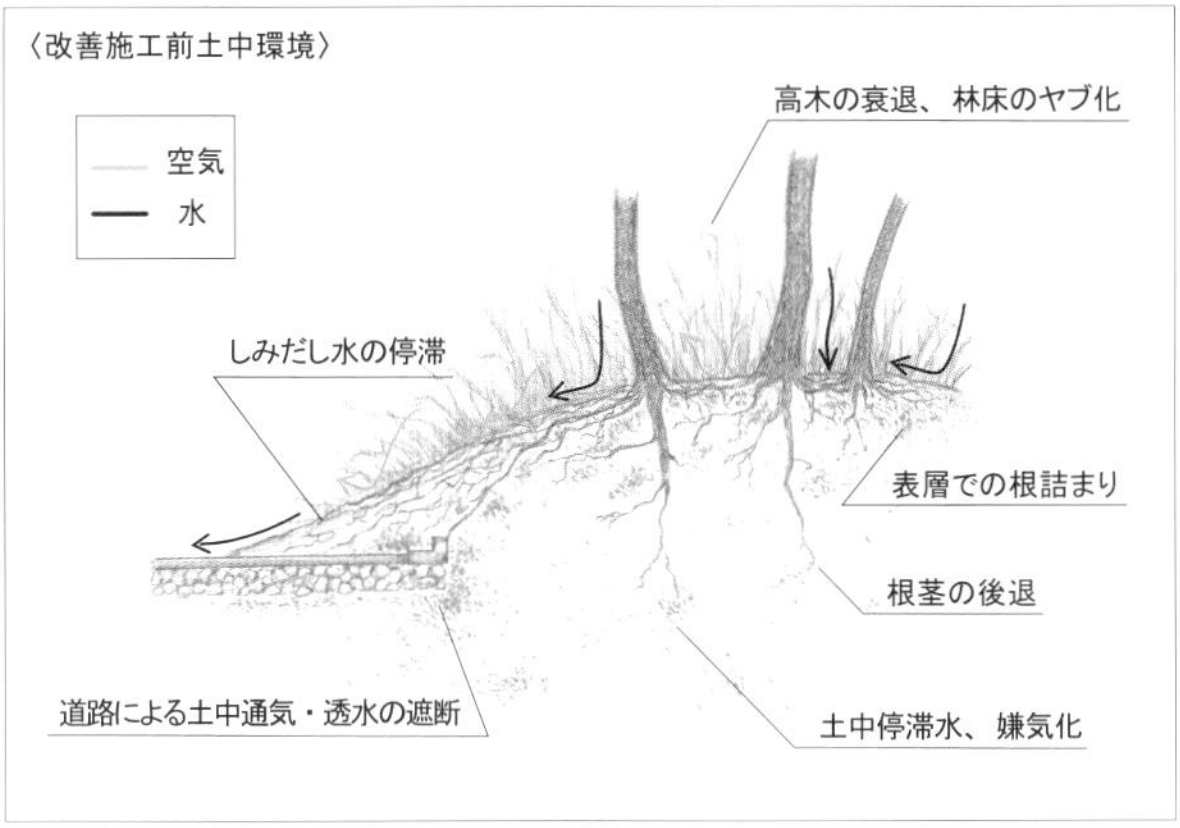

改善前の断面イメージ図。道路に砂が流亡し、道路下への根系進入も水脈も遮断された状態

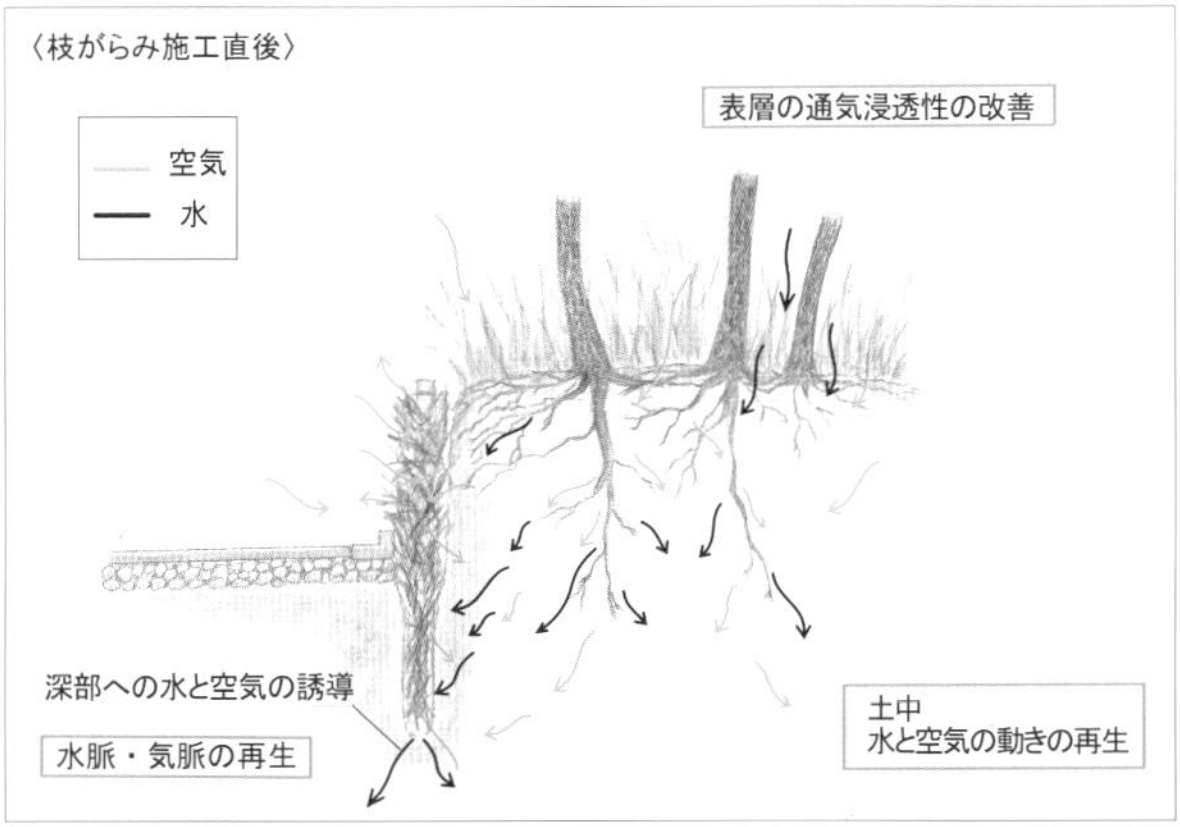

改善後の断面イメージ図。道路際を掘削し、舗装圧の及ばない深部へ水と空気の流れを誘導し、菌糸や根系を誘導する

道路際の改善施工後。竹は縦穴の通気孔。この後、断面部分はいずれ段丘地形として安定していく

松林の通気浸透水脈環境の弊害となっていた砂丘縦断道路の際《キワ》の改善。溝や縦穴通気浸透孔の掘削、垂直段丘状地形に枝がらみを行った（2015年11月）

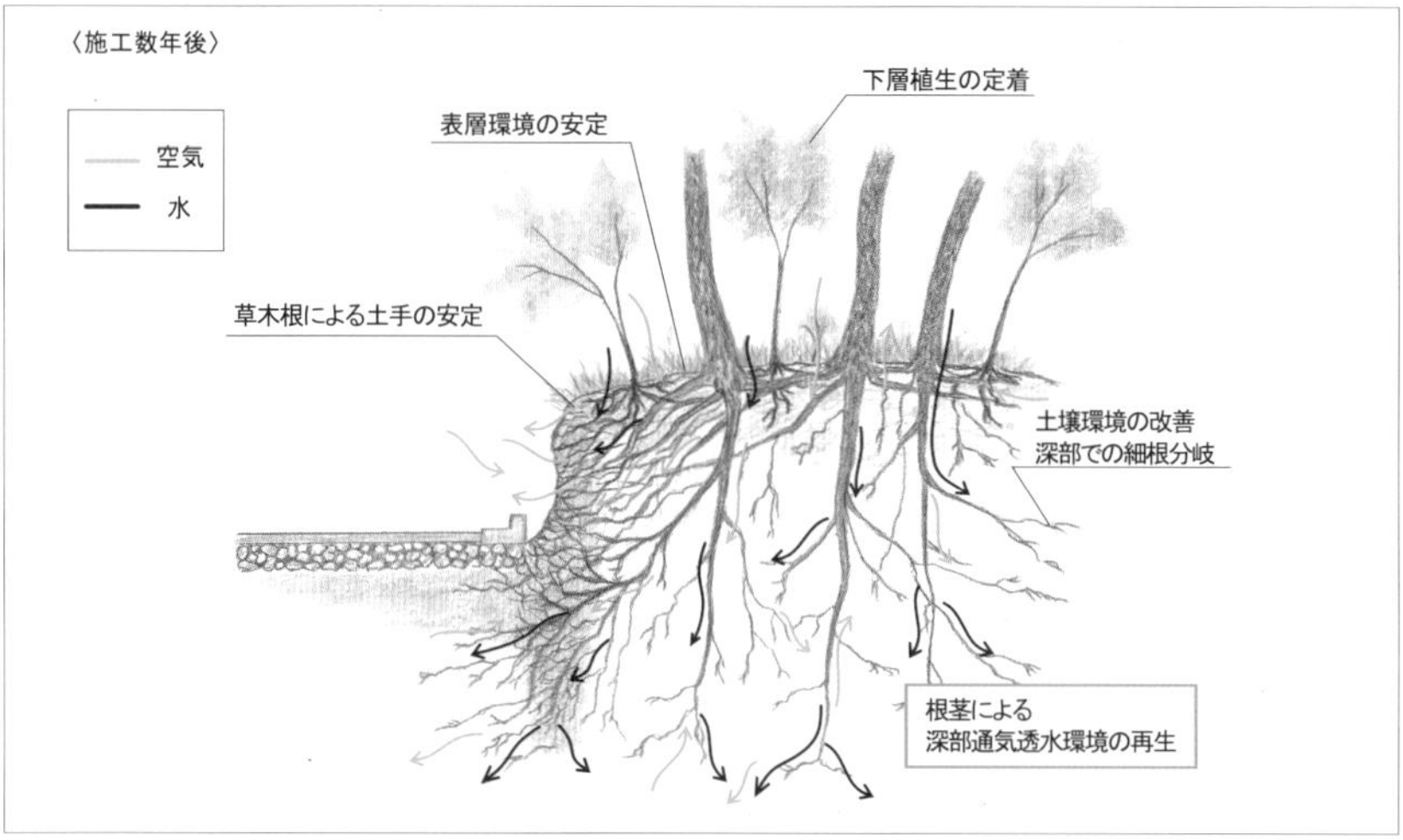

土中環境改善、数年後のイメージ断面図。枝がらみが分解した後、垂直断面に根系が誘導され、同時に通気浸透孔を伝って深部へと伸長する

浸透孔周辺の試験掘削。細根が充実し、深部へ伸長している（2016年6月）

細根は表層に留まり、深部は土壌化がほとんど進まず、ところによりグライ化していた（2015年11月）

縦穴通気浸透孔周辺の試掘。縦穴を中心に、砂から黒色の砂質土壌化へと深部にまで改善が進む（2016年6月）

表層10cmより下はぱさぱさの砂状態（2015年11月）

右：隣接地未改善区（2016年5月）。イネ科、バラ科の荒れ地の植生が優先する、単純で乾いた林床

左：改善区（2016年5月）。荒れ地に優先する植物種が減少すると同時に林床植生の多様化、ヤブの解消が進む。1年後の植物多様性調査で未改善区プロットの植物種数25種に対し、改善区は47種と、劇的に多様性回復した

右：改善着手時（2015年11月）

左：着手から3年後の様子（2018年10月）。マツクイムシ被害ゼロ、枝葉の充実、良好な伸長成長（北区産業振興課「改善効果測定調査報告書」より）

施工協力：自然栽培新潟研究会、新潟市、新潟市北区、北区産業振興課、中央園芸、アトリエニコ 羽ヶ崎 章、森田貴英、熊田浩生　他

環境改善作業開始から約4年後の太閤花見塚（2020年春）

02 吉野山 太閤花見塚の環境再生

奈良県吉野町　２０１６年５月～継続中

プロジェクト概要

大和ハウス工業は、ＣＳＲ活動として世界遺産・紀伊山地の霊場と参詣道、吉野山 太閤花見塚において桜植樹地の育林活動を続けてきた。桜の病気や生育不良、環境悪化から、現地調査の依頼を受けた。２０１６年３月、現地を観察し問題点と改善方法を提案した。

その後、年４、５回、大和ハウス工業社員有志と共にワークショップ形式で改善に当たる。

単に桜を育てるという視点ではなく、環境全体の健康回復のために、土中環境の改善や表層の通気浸透環境の改善を継続している。

環境改善作業前の太閤花見塚桜植樹地

太閤花見塚の課題と環境改善の視点

課題

●表土の硬化、土中への浸透不良
→表土が硬く乾燥した不快な環境へ
●土中水の停滞、桜の根の伸長阻害
→桜の樹勢衰退と病虫害の発生
●土中微生物の環境バランス崩壊に伴う雑草の単純化。イネ科、バラ科等の荒れ地に優占する特定雑草の繁茂と徒長成長
→荒れやすく、管理しにくい環境

改善の視点

桜の樹勢回復のためには、根を土中深く健康に伸ばせる膨軟な土壌へと育てていく必要がある。それが、木々が自然状態で健康に生育できる必要条件であり、そのためには土壌の通気性、浸透性の回復が必要となる

左：太閤花見塚の環境改善作業前の様子
右：土壌は硬化し、植樹された桜も若い段階で樹勢が衰退し、樹皮にはカビやコケがびっしりと付着する

しっとりとしていて呼吸する縦穴の環境では、詰めた枝葉が分解される過程で土中の菌糸が増殖する。菌糸は縦穴側面から土中に伸びて、土壌を団粒化しながら蜘蛛の糸のように張り巡らせ、土中の空間を増やしていく。やがて菌糸が樹木根と合流すると、縦穴通気浸透孔に樹木根の誘導を始める
右：縦穴処理後、数カ月もすると土中で樹木根が絡まり始め、土壌の団粒化がここから進行する
左：縦穴に炭と枝葉を絡ませる作業

ススキなどの下草は先端だけ刈りそろえる。これによって下草の根が細根化し、成長が穏やかになると同時に、細根が張り、巡ることで浸透性の改善につながる。人や動物の通り道は歩きやすいように低く刈り、雨撃や乾燥を防ぐために炭や草でマルチングする。この道は土地の健康のための風の通り道としても重要。なお、樹木の実生は残す
左右共に：下草の刈りそろえ、樹木の剪定作業。現地の状況を見ながら進められた

表土が硬化して浸透性を失った斜面に、軽く溝を刻み、炭を撒く。改善作業はあくまで、自然界の自律的な改善のきっかけをつくること。わずかな溝により通気し始めると、その後は菌糸の働きで溝や縦穴周辺の土壌団粒化が進み、土地全体の通気浸透性が自律的に改善される
改善作業の様子。右：2017年9月、左：2017年5月

太閤花見塚で行ってきた、先駆的な環境改善の意義

桜の樹勢衰退、病虫害の蔓延は吉野山全体の問題となって久しい。表土は荒廃して、豪雨の際には泥水が流亡し、土砂崩壊の危険があった。この状況に対し、薬剤による病虫害の抑制や傷んだ幹枝の切除、施肥といった、桜に対する「対症療法」が続けられた。

健康な土壌環境の中での部分的な樹木の病気発生であれば、そのような対処も効果があるが、吉野山の桜植樹地は、長年、桜のみという環境単純化の結果、土地が疲弊してバランスを失っていた。そのような土壌環境に薬剤や肥料を施用し続ければ、土中の菌類や微生物はバランスを失い、土地は疲弊する一方という悪循環が続く。太閤花見塚での取り組みは、桜だけを生かすのではなく、環境全体の健康と本来の緑の心地良さを取り戻すことで、結果的に桜も健康を回復するという、土地の環境再生という視点で実施した。

上下共に：花見塚以外の吉野千本桜の様子。桜だけの環境にしてしまうことで土壌が傷み、林床は荒れ、桜の樹勢が後退して生育不良に。そこへ肥料を与えるため桜の樹勢はますます後退するという悪循環となる

環境改善前はカチコチだった表土も、改善後は膨軟になり、降雨は大地に染み込んで、泥水の発生がなくなり、染み込んだ水が土地を涵養して潤いのある環境を育む。その結果、桜が健康に生育できる環境が再生される
上：2020年4月。改善後の潤いある地表の様子（撮影／大西秀明）
右：2018年5月、改善着手2年後の様子。桜の樹勢回復、全体に水が染み込みやすくなり、しっとりと潤う

2020年4月、環境改善作業開始から約4年が経過した春の太閤花見塚。木々の病気は消えていき、土はふかふかに。空気感も良く、花が咲き誇る

協力：吉野山保勝会、大和ハウス工業、吉野林業研究会 中井章太、南工務店、ゲストハウス三奇楼、風人園 大西秀明、植木屋暮庭 瀧澤勇二、仁和作 髙橋直也、植木屋風庭 奥田由貴乃、今西友起、前田志穂理

施工後初めて迎えた春。水脈環境の改善により緑豊かな参道となった

03 明長寺の水脈環境改修工事

川崎市川崎区　２０１８年２月～継続中

プロジェクト概要

「本来、地域の大切な環境の要の土地を守るために配されてきたのが社寺ですから、社寺は環境を守っていく責任と使命があります」と語る明長寺住職の松田亮寛氏。

古くから地域の水脈環境上の要となる場所を神域として守り、後世にはそこに社寺が配された。つまり大切な環境を守る役割を担っていたのが、社寺なのである。また、社寺の環境を考える際、基本的に本来は、神社もお寺も双方が一体となって集落環境の要となる土地を守ってきたのであり、そこから社寺の配置を読み取る必要がある。

松田氏より、「お寺の環境を見てほしい」との依頼を受け、２０１７年12月に現地調査を行った。

施工前の参道の様子（2018年）

古地図（昭和初期）に示された明長寺（赤丸部）。道の辻に樹林があり、道沿いの水路がその付近で合流し、弁天池に流入して多摩川へ至る。その水脈上の要の位置に明長寺はある

川崎大師参道沿いの創建５００年以上という由緒ある寺院・明長寺は、多摩川下流域の沖積低地において、人工水路の合流する箇所であり、弁天池を擁する、周辺地域の水脈を守る要の土地であったことが分かった。

敷地に点在していたはずの水脈環境保全を担ってきた樹林が今はなく、かつての水路も埋められ、敷地外周はコンクリートで固められた墓地となっている。また、敷地の排水処理のためのコンクリート排水溝によって、土中の水が遮断され、停滞をきたしていた。この土地が水脈環境を守りながら寺院としての務めを果たしていくという、本来の役割を取り戻すため、建物配置を含む敷地全体の改善計画に着手した。

施工内容

- 参道樹林と樹林沿いの水脈再生
- 本堂の雨落ちへの通気浸透改善
- 空いた墓地区画の樹林再生
- 水脈を傷めない墓地施工基準
- 駐車場等のアスファルト撤去と下地の通気浸透改善
- 敷地排水設備の通気浸透改善
- 本堂に至るＲＣ回廊の撤去と水脈再生

墓地を俯瞰する。広い敷地なのにもかかわらず、周辺の建物の硬さを和らげるものが何もない

施工前、本堂側から山門を見る

参道と緑地の間など、通気浸透性改善のための横溝に枝葉を絡ませる。枝葉が溝の中で分解するのに伴い、土中の菌糸が増殖し、それが土壌中に張り巡らされることで土壌が団粒化し、細かな通気浸透ラインが再生されていく。縦穴には枝葉だけでなく、竹筒を差し込んで通気を確保する

右：施工半年後。この頃に集中する樹木根は、縦穴の深部付近まで到達する
左：通気浸透性改善が施された参道

現在、明長寺では、墓地が空いてもそこを売却せず、樹林を増やすことにより土中環境の再生を促している

左右共に：墓地の中の土中改善作業の様子

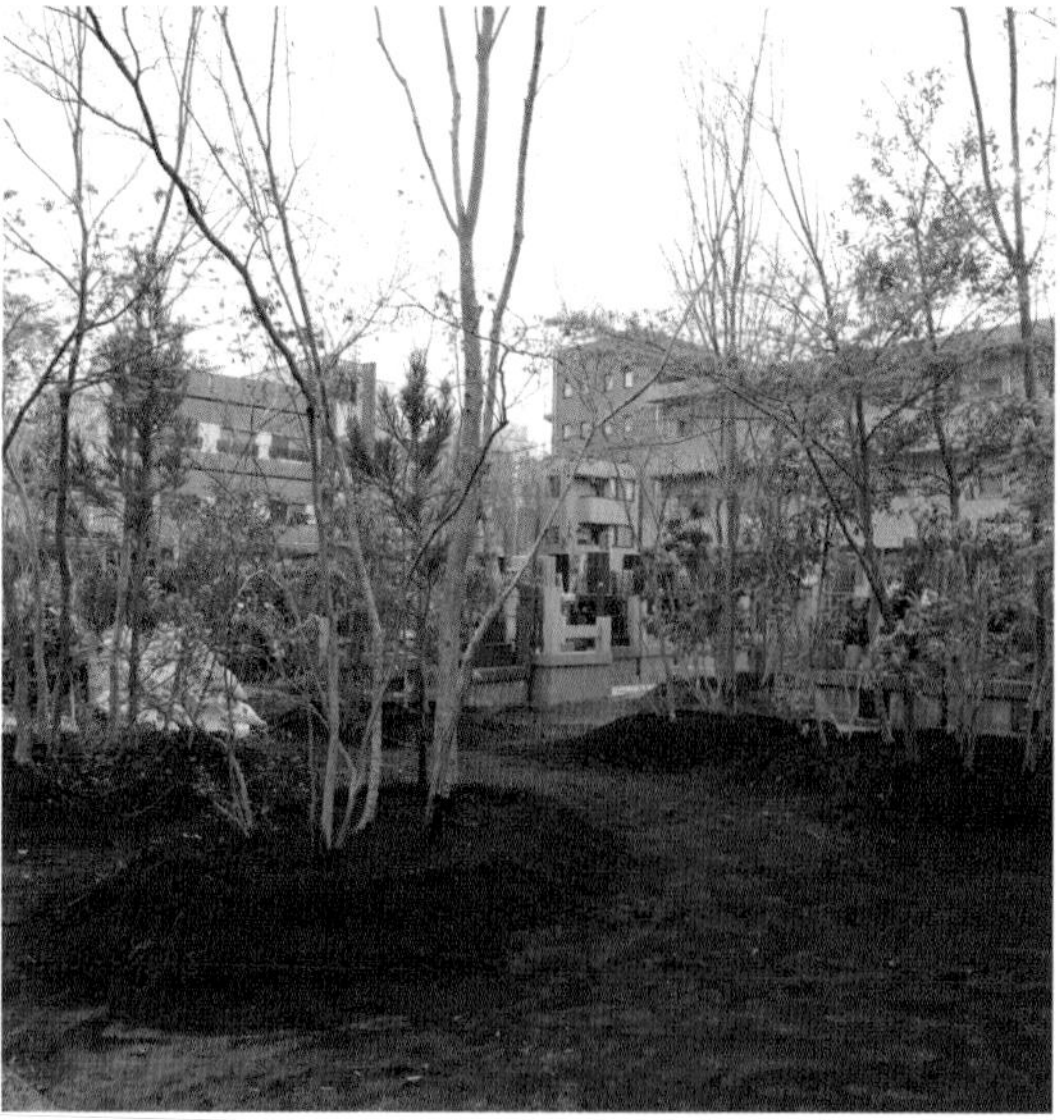

マウンド植栽後、参道側から墓地を見る。根鉢を密集させることによって根系の共生効果、土壌の微生物環境の醸成が加速し、土壌環境が早期に改善される

樹木の根鉢同士を密着させ、高めに植えることで起伏をつけ、表層土中の水が動きやすい環境をつくる

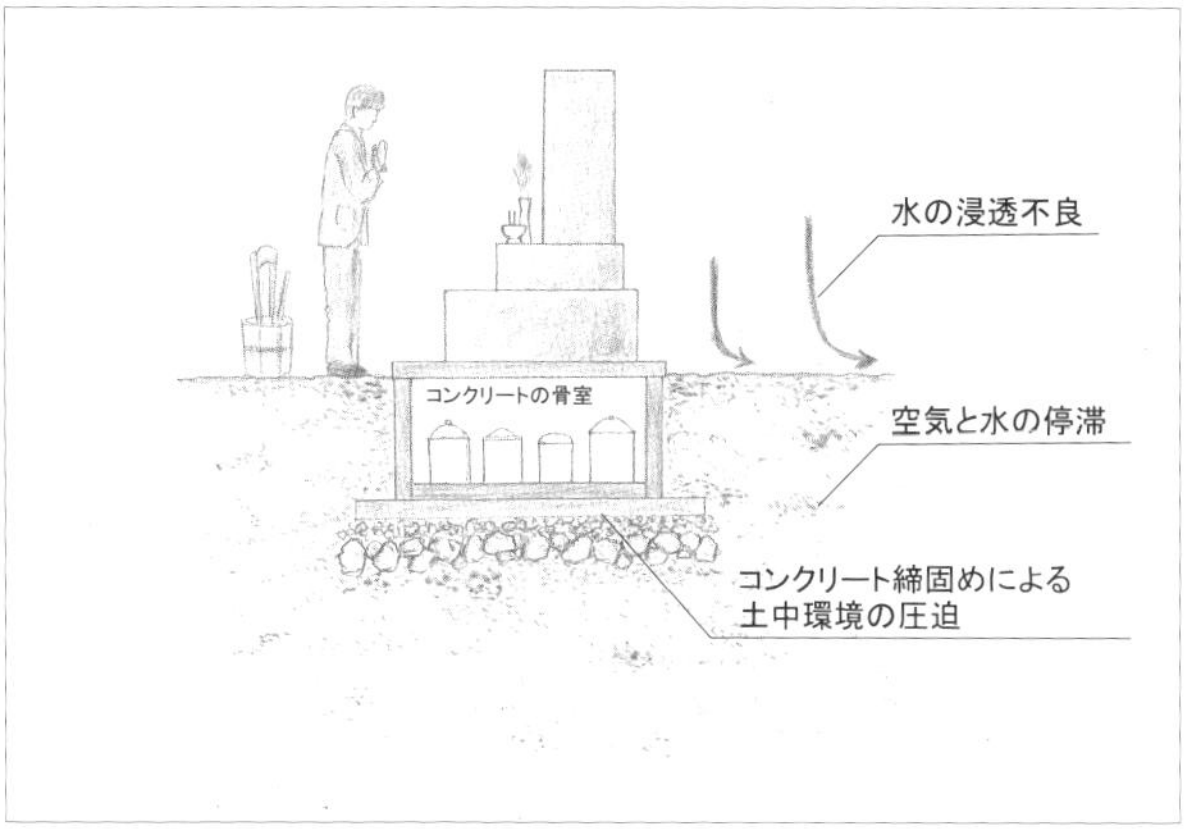

現代の墓地断面図。コンクリートで圧密されて呼吸できない土地にしてしまう

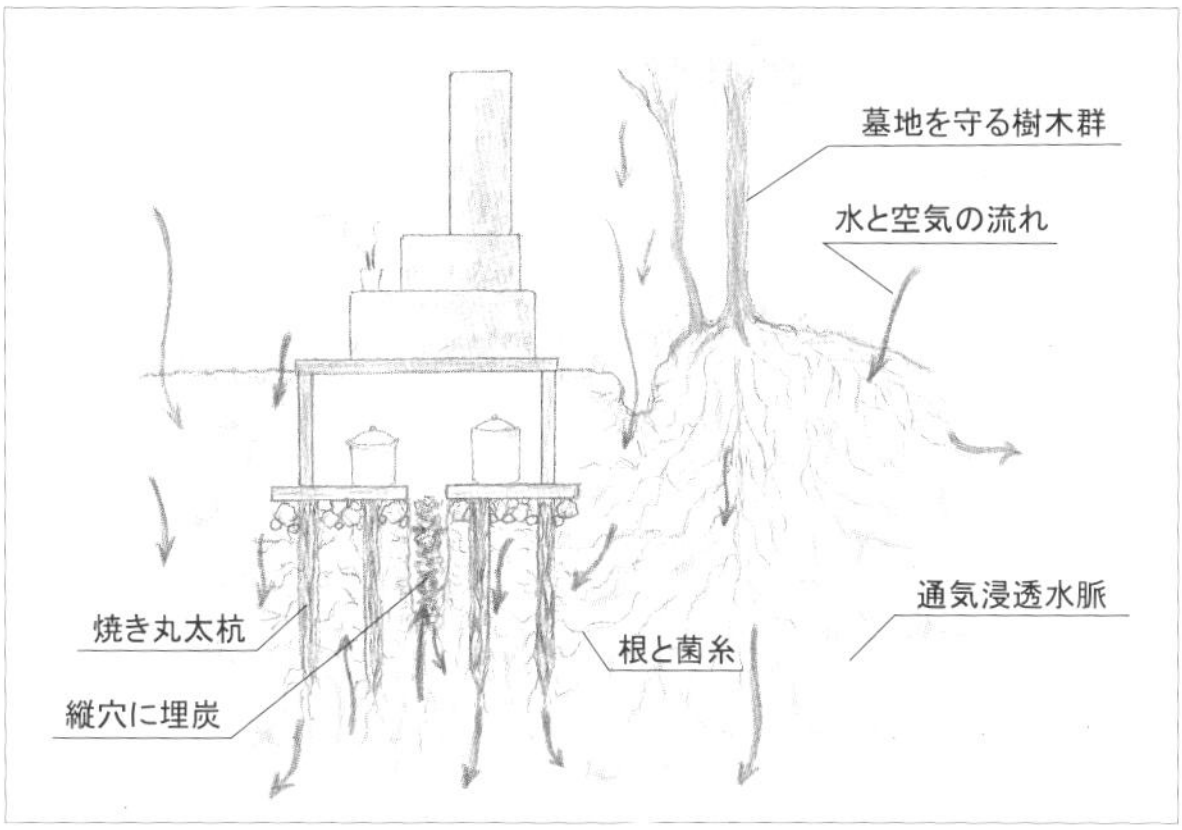

明長寺の墓地断面図。明長寺では墓石の重量を焼き杭によって支持することで大地に負荷をかけず、納骨室の下に縦穴通気孔を設けて埋炭する。その上、樹木群を墓地に点在させることによって根系や水脈を誘導し、健康な土壌環境を再生していく

本堂の雨落ち部分の施工の様子。念入りに、横溝や縦穴を配して、そこに炭と枝葉を敷き詰める。集中的に落ちてくる雨水を泥漉しし、浄化して円滑に深層の水脈へと誘導する拠点とした

施工後の山門付近、植栽直後の春の参道。心地良い木漏れ日が参道に降り注ぐ

施工後の本堂近くの参道。表層水脈を遮断する舗装園路の縁には、すべて横溝と縦穴を掘ることで通気浸透環境を改善し、植樹によって水脈再生を加速させ、保護していく。これにより土中の深い位置で通気浸透水脈がつながり、その後この土地の環境は自律的な再生に向かっていく

施工協力：ダイシ造園 中光伸治、明長寺 松田亮寛

中山間地にある旧家の、段差ごとに掘られた溝を再生させた

04

現代住宅や伝統的家屋の土中環境改善

千葉県茂原市 他　２０１６年７月、２０１９年６月

プロジェクト概要

健康で安全な暮らしの環境を保つためには、土中の水と空気の円滑な動きを保全することが、かつては必要不可欠だった。なぜなら、そこで生活に欠かせない清冽な水を得て、土地の生産力を得て、なおかつ災害に強い安全な居住を得ることができたからだ。その自然環境と人の営みとの調和が、その土地固有の美しい風景・風土を育んできた。

それは長年の持続的な暮らしの中で培ってきた暮らしの智慧であり、そこにこそ、矛盾のない共生のヒントがある。

かつての住まいの土木造作における視点、視点と技を、現代の住宅の環境改善にどのように生かすか、施工事例を紹介する。

古民家改修、離れ家竣工後、環境改善施工前。先人によって掘られた溝は埋まり、石垣は崩れ、池は汚濁し、裏山は荒廃して崩壊も始まっていた。今、このような古民家環境は多い

上：家屋際の横溝とそれを守る石垣の修復終了後。中山間地では、伝統的に山際に家屋が立地し、段差ごとに下部の際に溝が掘られている。現代、この溝は単なる排水設備とみなされることが多いが、そうではない。この溝は、建築や土木造作に伴う土中の水と空気の動きの停滞を解消し、円滑化するための大切な土中環境醸成装置なのだ。土中の水の動きを停滞させ、環境を傷めてしまうコンクリートU字側溝とは根本的に異なる

右：伝統的な民家は地相を読み、風水（空気と水の流れを）を整えながら配されていた。背後に山を背負う、かつての中山間地の住まいの例（茨城・つくば市）

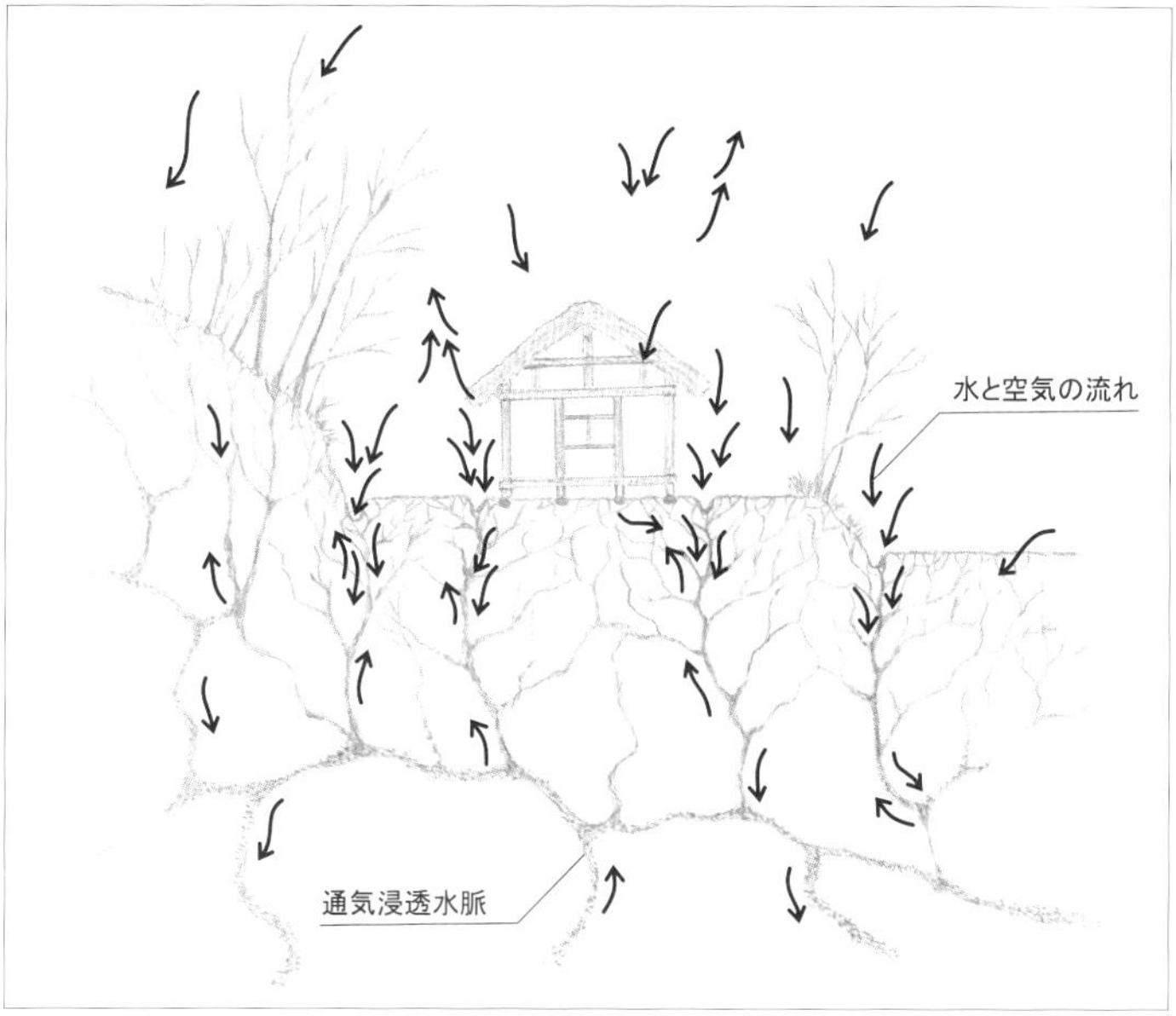

山際に集中したかつての民家の水脈環境イメージ図。自律的な土地の安定も健康も、土中水脈環境の健全化なくしてありえない。そのため、かつて住まい環境の造成は、山の際や雨落ち、そして敷地の下に溝や池を掘って土中の通気と浸透を円滑に保ってきた

旧家における裏山際の溝の名残（千葉・茂原市）。溝の重要な意味が忘れられてしまった今、地形に合わせて掘られた溝や池の多くは埋められてしまったか、あるいはコンクリートU字溝がはめ込まれてしまい、地形の自律的安定が失われてしまっている。こうした箇所を再び掘削し、土中の水脈環境を改善することで、土地の安定を取り戻す

地形傾斜の変換ラインなど、土中の水が集中して停滞しやすい箇所に溝を掘る。埋まってしまったかつての溝を再び掘削する。表層水脈の分断要素が多い現代の住環境では、横溝だけでは不十分

さらに溝状に縦穴を開け、そこに枝葉を絡ませ、より深い位置にまで水と空気を誘導する

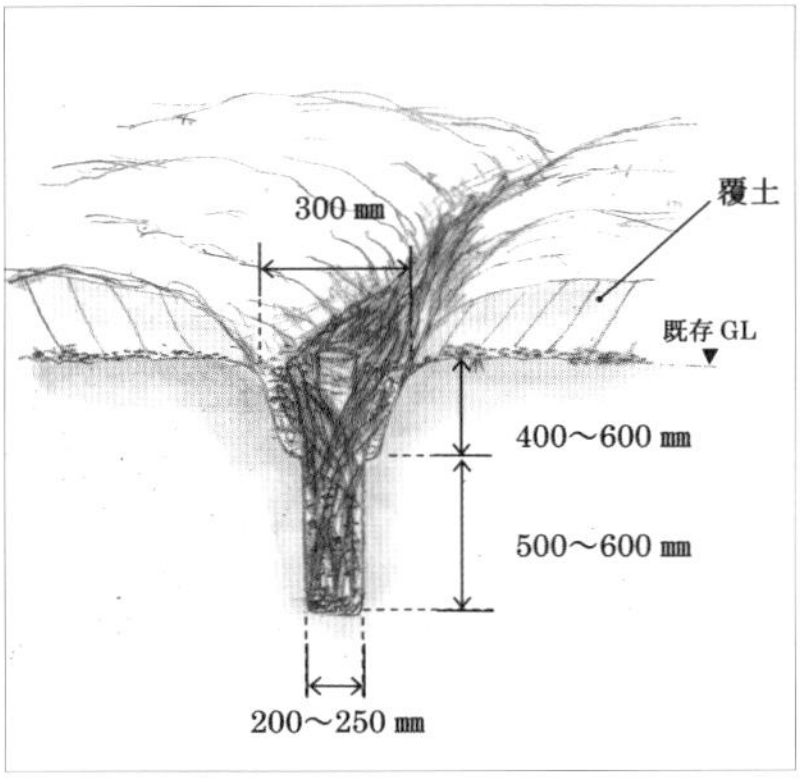

縦穴と横溝を掘り、枝葉を絡ませる目的は、その分解過程で溝に土中の菌糸が増殖し、それが溝の底や側面からさらに周辺の土中に菌糸を進入させることで、通気浸透ラインを張り巡らせていく。菌糸はやがて草木根に到達し、根系と共生を始めると共に、根を縦穴や横溝に誘導する。誘導された根系は土中の空洞を守りながら、ここで細根化する

右：縦穴と横溝を掘り枝葉を絡ませる施工の様子（千葉・旭市）
左：土中環境改善のための縦穴と横溝構造図

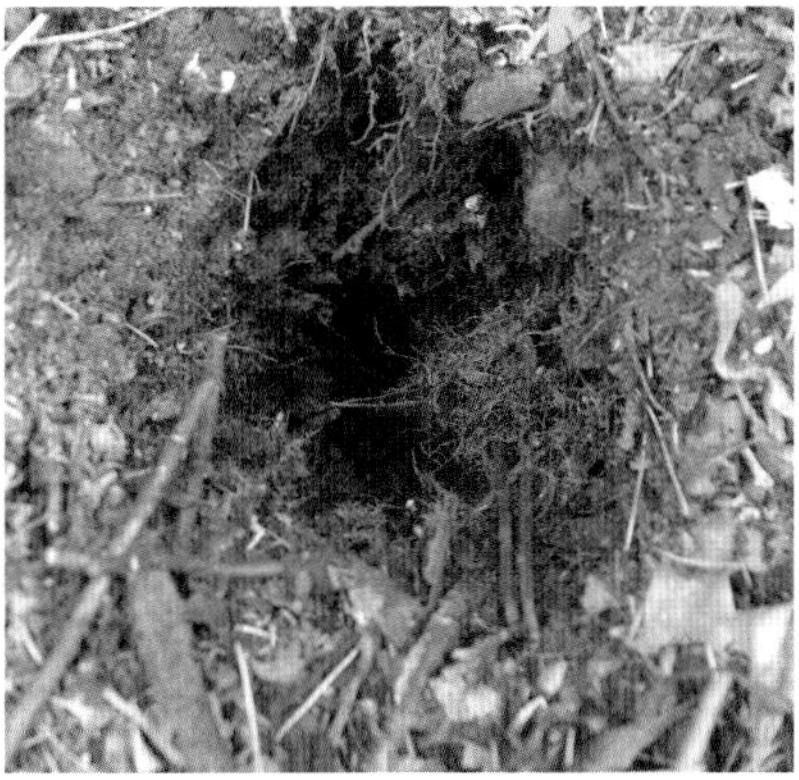

縦穴掘削数カ月後の様子。落ち葉や枝葉の分解が進み、周辺土壌は土中の生物活動の活性に伴い黒色になり、団粒化する。そこに樹木根が集中し、その後の自律的な土中環境改善の起点となる

右：落ち葉や枝葉が分解され土壌が団粒化している
左：土壌の団粒化に伴い樹木根が伸長する

かつての民家における水脈環境造作イメージ図。要所に地形段差を設けてその度に溝を掘っていた。溝は石積や垣根の樹木根によって保全され、土地の安定と健全な土中環境が生み出してくれる心地良い住環境を享受してきた

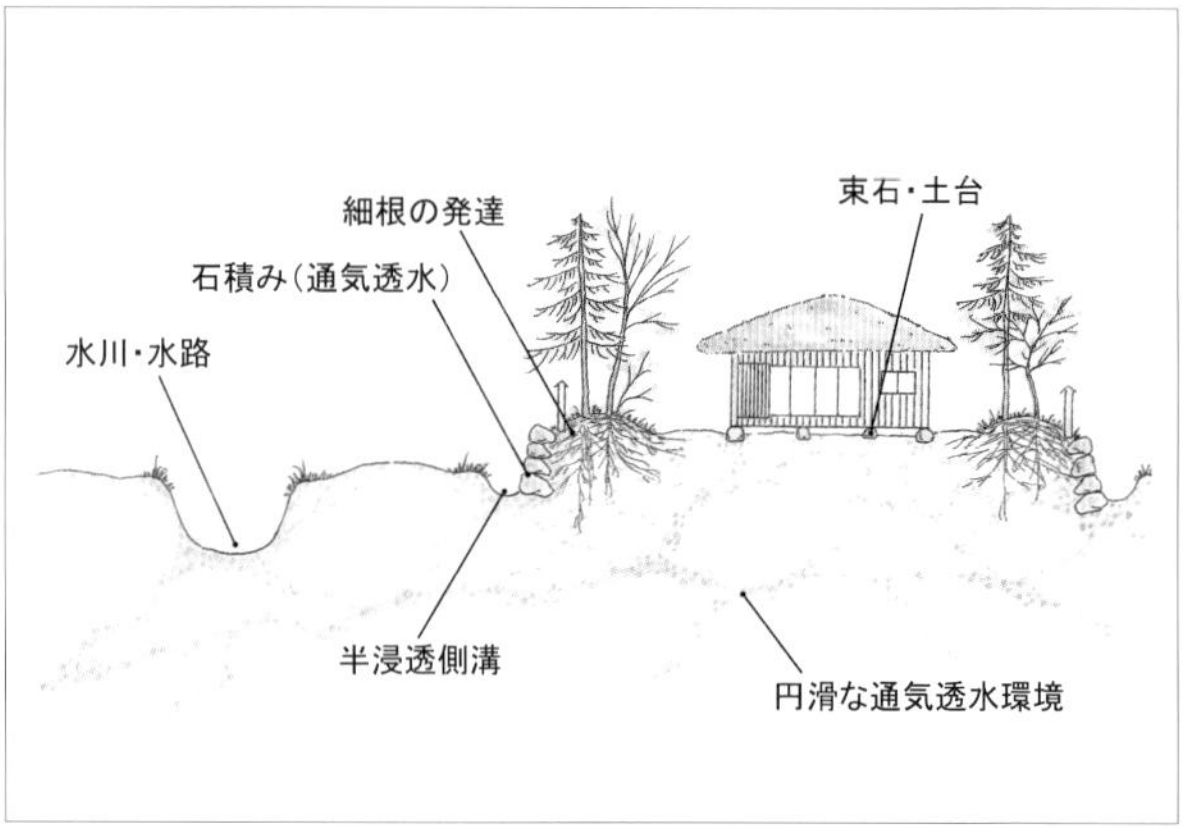

水脈を分断する現代の住環境イメージ図。表層の水は土中環境を涵養せずに水路へと流亡してしまう。その結果、土壌は硬化し、不安定になる

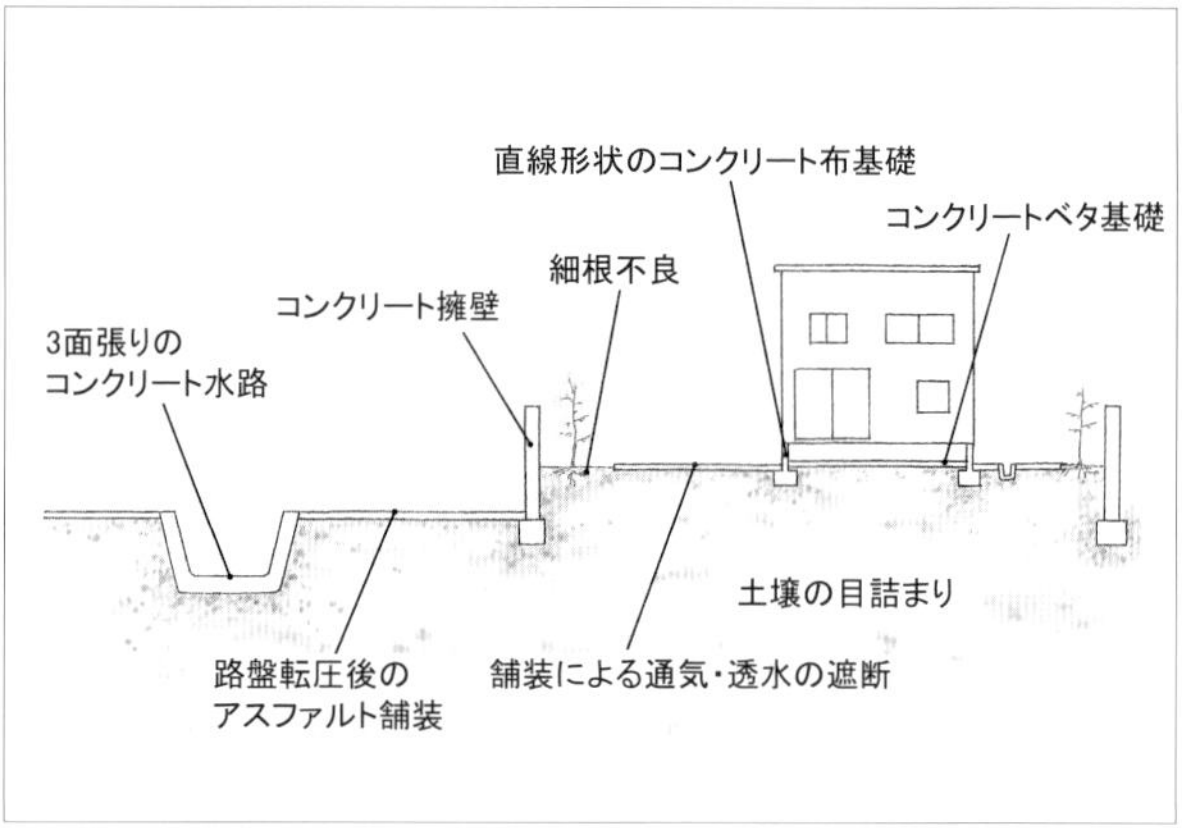

理想的な現代の住環境イメージ図。縦穴と横溝の掘削、要所に樹木群の植樹、水脈分断要素の破砕やコア抜きなど、通気浸透水脈環境の健全化の視点があれば、現代の住宅環境においても土中環境は涵養できる

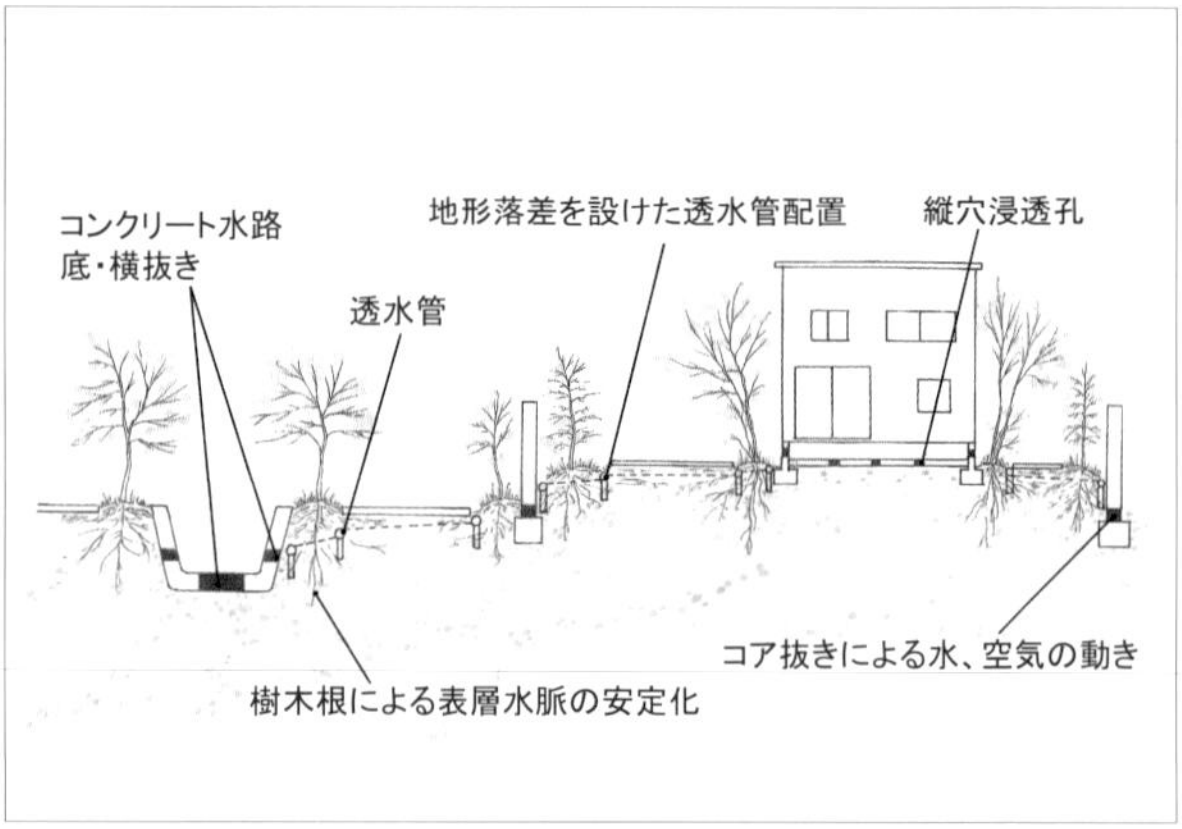

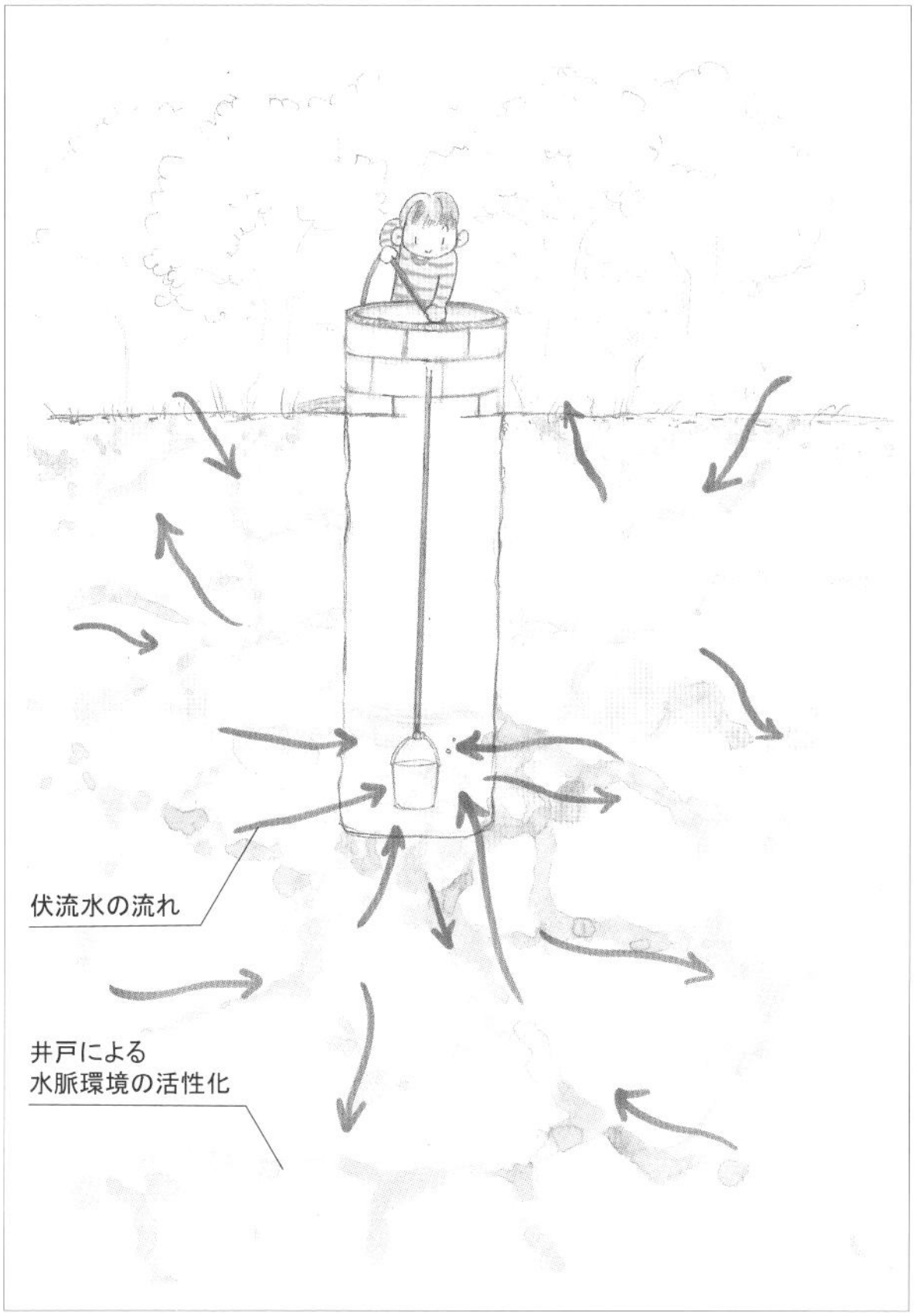

手汲みの浅井戸イメージ図。手汲みの浅井戸はかつての重要な環境装置だった

浅井戸。井戸を掘ることで周辺の水が動き出し、集まり、これを適度に汲み取ることで水の動きが促され、伏流水層が点状に形成される。これが水害緩和や土壌の健全化にもつながる。こうしたかつての暮らしの造作の意味を、もう一度見直すことから環境の再生を考えていくことが必要だ

協力：千野豪、里山建築研究所、千葉幹彌、加瀬宏行、近藤貴子

荒れた里山を再生させた「ダーチャフィールド」で自然体験をする子どもたち

05 里山ダーチャフィールドの環境再生

千葉市緑区　２０１２年５月〜継続中

プロジェクト概要

全国どこにでも見られる荒廃した里山で、あまり人出をかけることなく、最小限の機械力と人力のみで効果的に改善する方法を伝え、その結果を実証し、多くの人に体感していただくことを目的として、この山林の環境の再生がスタートした。

毎年ここで里山環境再生講座を開催し、地形環境の読み取り方、改善の方法、土地環境を育てるメンテナンスの方法等を伝えながら、講座参加者たちとともに土地のケアを行っている。

環境再生前のダーチャフィールド

古材を利用してセルフビルドで小屋を建てる。土地を傷めないかつての建築や土木造作の智慧を伝える

小屋の基礎。ダーチャフィールドの小屋は、傾斜地に建てる際は地形をなるべくそのまま生かし、石端建てか掘っ建て構造のいずれかで行っている。これが日本の気候風土に適応し、土地を傷めない基礎の在り方である。束石の固定の際にも石の下に丸太杭を打ち込み、その上に石を乗せ、柱を立てることで土地に重量負荷をかけない

「冬の集い小屋」外観。床下に藁を敷いて断熱し、冬はストーブ1台で暖かく保たれる

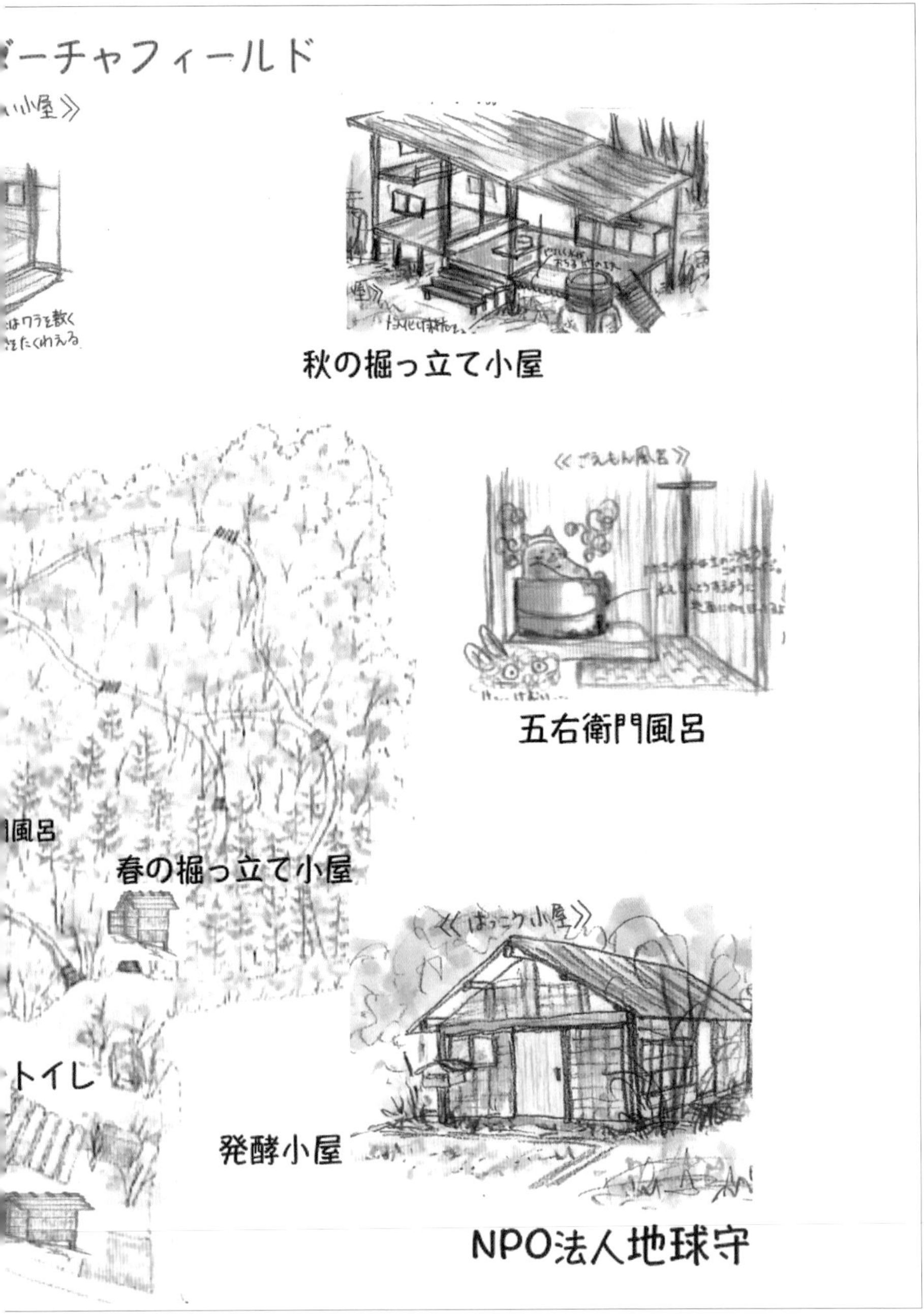

ーチャフィールド
小屋》
秋の掘っ立て小屋
《ごえもん風呂》
五右衛門風呂
風呂
春の掘っ立て小屋
《はっこう小屋》
トイレ
発酵小屋
NPO法人地球守

まわりの木々は生かす
そのままの地形を生かす
そのままの地形を大切にすること
小さな生き物たちの生活の場
地震がきても大丈夫
周りの生き物たちのすみかは守る!!
冬の集い小屋
トイレ
うんちもなくなる!!
トイレ
駐車場
まわりの木々がこかげをつくり
風をひきこむよ!!
夏の炊事小屋

ポット苗による樹木群の捕植。環境づくりに必要な植樹は、マウンド状に地形起伏をつけて密植、混植する。樹木の成長とともに根系や土中環境も育ち、潤いある環境が育っていく

右：2012年、0.5 mポット苗の混植の様子
左：2020年、最大樹高12mに成長した

子どもたちに人気のドラム缶の五右衛門風呂。薪を集めて火を起こす。風呂水の排水は深さ2mの大穴に枝葉や炭を詰めた浸透浄化孔に吸い込ませる

大地に還元分解される手づくりバイオトイレ。用を足した後、炭と落ち葉などをまぶし、使用後ちり紙はごみ箱に。後に紙だけは燃やす。糞尿を腐敗させずに、きちんと分解循環する環境（良好な通気浸透環境）をつくることで、ハエもわかず悪臭もせず、汚物はきれいに分解され、大地に吸収消失する
右：バイオトイレ外観、左：バイオトイレ内観

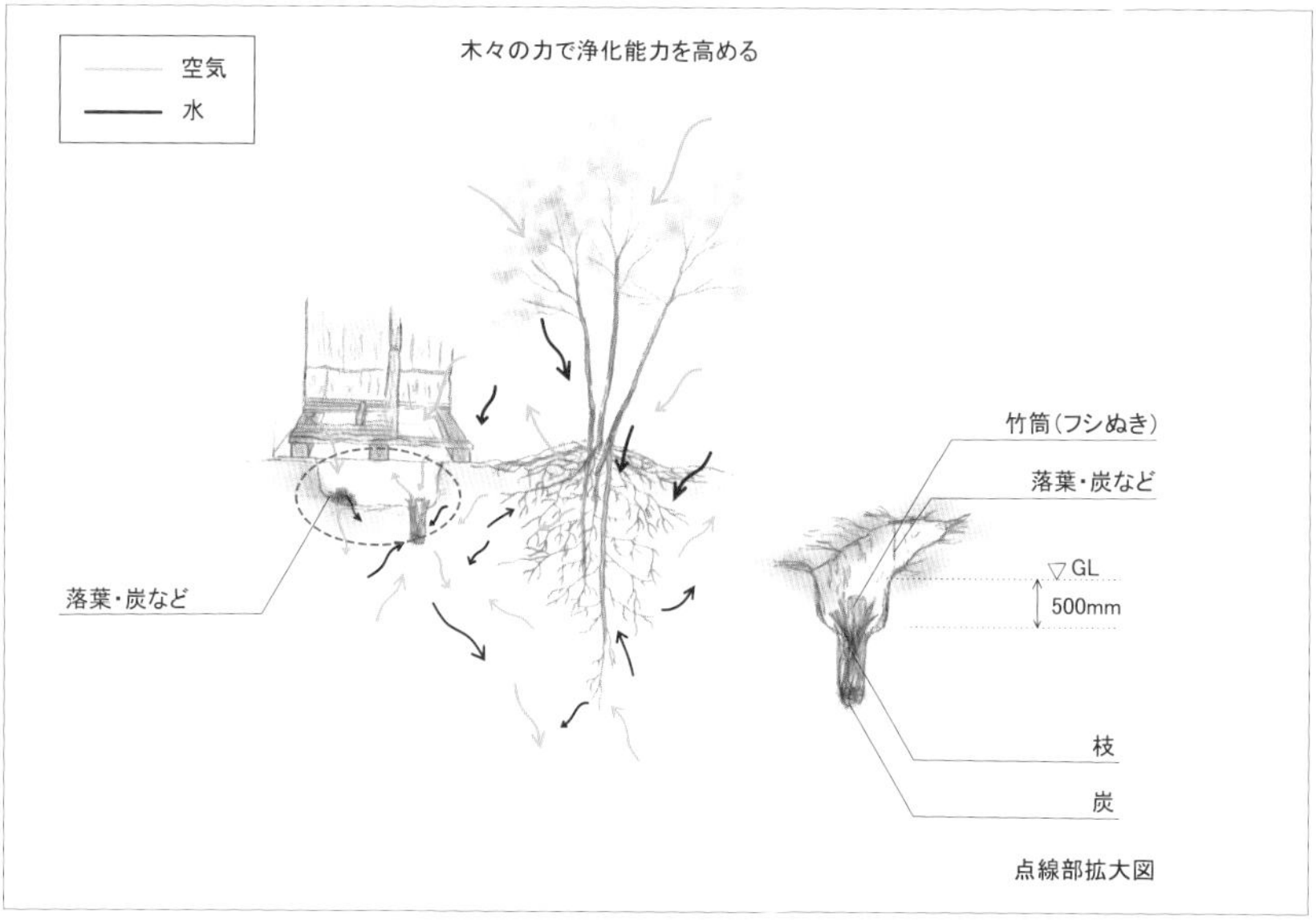

バイオトイレの仕組み。素掘りの肥溜め部分の通気性、浸透性が大切。そこに菌糸が張り巡らせることができるように、縦穴通気孔を設け、さらに近くに植樹し、樹木根と肥溜めの穴底を菌糸でつなぐ

右：2014年、斜面林下の谷地の改善前。段丘下の小川は泥詰まりし、沼地となっている。谷部が詰まると上部山林に染み込んだ水は土中で停滞し、樹木根も菌糸も深い位置から後退し、ヤブとなる

左：2020年、改善後。小川の流れは安定し、降雨後も清流が保たれやすい状態になっている。同時に上部山林もヤブが解消されて、森林の階層が回復する

右：溝の掘削による小川の再生工事の様子。斜面下で埋まっていた小川を掘りなおすことで、斜面に滞水した土中の水が涌き出し、流域の水脈環境が回復する

左：施工２カ月後。水量は増え、透明度が増した

山林の水脈環境の要である、埋もれた谷部を掘削する。掘削によって土中の空気が水圧で押し出されながら、水の道が再生され、集まってくる

右上：施工の様子
左上：掘削3カ月後、湧水の復活
右下：掘削5年後（2019年10月）、湧水量が増加し、崖面にできた穴（水脈孔）から清流が湧く。水脈孔は樹木根が上から進入して張り巡らせ、空間を保つ

雨水が浸透するための雨落ちの造作。雨落ち部分に溝（深さ30cm内外）を掘り、そこに適度な間隔で縦穴（深さ0.6～1m内外）を配す。その中に炭を敷き、枝葉を絡ませることで、溝穴の土中に菌糸が増殖し、その菌糸を伝って浸透する水を浄化する。そこが水脈浸透の拠点となり、土中環境を涵養する

2020年4月、春の芽出し前のダーチャフィールド。下草の種類は増して、林床は穏やかに安定を増し、さまざまな樹木の実生が生育する環境が戻ってきた。森林の階層構造も発達し、次世代の森の主木となる高木の実生や幼木も、森の中で育っている

協力：杜の園芸 矢野智徳、川上工務店 川上房徳、ちば山真童舎 中村真也

ダーチャフィールドへの想い

ダーチャとは、旧ソ連圏で今も大半の世帯が郊外に所有している宿泊小屋付きの菜園用地である。今でも夏の長期休暇の際や週末には、多くの都市住民がダーチャで過ごす。子どもたちも都会に居住しながら、郊外で豊かな自然の恵みに触れて育つ。

自給的に野菜や果樹を栽培し、小屋もトイレもサウナも、生活に必要なものの多くはセルフビルドである。煮炊き、風呂焚き、暖房などに供する薪は、周辺の森林を育てながら得る。彼らは都会に住みながら、自給的に暮らしていく術をダーチャでの生活を通して身に付けている。

旧ソ連時代より、ダーチャは一般市民のセーフティーネットとして機能しており、ソ連崩壊の経済崩壊、ハイパーインフレの際にも、ダーチャでの食料自給のおかげで大きな社会混乱はなく、餓死者も難民も発生しなかったと言われている。

私は２００８年、日本庭園講座の講師としてロシア・サンクトペテルブルクに滞在した際、ダーチャの存在を知った。そこには多くの日本人が失ってしまった、体感的な自然把握や文明に頼らずに自然の中で生きる智慧が、今も息づいていた。これこそが現代日本にとって必要なことと思い、東日本大震災後、日本にダーチャを広める活動を始めた。

２０１２年に放置され荒れた里山２０００坪を取得し、ダーチャ体験フィールドとして整備してきた。豊かで健康な森の再生の講座やワークショップ、また小屋づくりやバイオトイレづくりなど、環境を荒らさずに自足的に暮らしていくための技や視点を伝えるための講座を定期的に開催してきた。

古民家解体材や地元県産木材を用いて宿泊可能な山小屋を4棟建て、2カ所の五右衛門風呂、大地還元分解式のトイレ（バイオトイレ）も2カ所に配し、ここをダーチャ体験、環境再生や森の再生の体験ができるフィールドとして活用している。

おわりに

この本を書き始めたのは、昨年秋（２０１９年９月）のことでした。

その時、私の居住する千葉県では、３つの台風が立て続けに襲来し、水害、風倒木、土砂崩壊によってライフラインもインフラも寸断する事態が、波のように繰り返されました。

私の事務所や自宅でも10日間にわたって停電が続き、Ｗｉ－Ｆｉが２カ月もの間、接続できないという、非日常的な事態が続きました。

そんな中、私は経営する造園会社の通常業務をストップして、情報を収集し、被害が甚大な房総南部地域に通い、被災者の救援、復旧支援に奔走する日々を続けました。

その時初めて、「文明の停止」という事態を、リアルに体感したのでした。

これから災害の規模はますます広域化し、毎年想像を超える被害がわれわれの記憶を塗り替えていくでしょう。

さらに災害の多発化が進めば、被災地救援や復旧事業という形の「文明のバックアップ機能」は、期待できなくなる時が訪れるかもしれません。


本書を書き終え、２０２０年5月、この「おわりに」を書いています。

おりしも今、新型コロナウイルスへの対応措置として、緊急事態宣言発令下という状況が続いています。外出自粛という、多くの人の日常生活に厳しい制限が課され、見えない出口を手探りしているのが世界の現状です。

今は春です。現代社会がこれまでに経験したことのない事態に直面しているにもかかわらず、野には日に日に新緑が広がり、花が咲き、そして虫や小鳥たちもにぎやかに、いのちの季節の始まりを喜び、謳歌しています。ひとたび自然に身をおけば、いのちの限り生きようとする自然の仲間たちに囲まれ、そしてつながっていることに気づかされます。

この平和で美しく完璧な自然の営みの中で生かされているという何気ない幸せを、これからの時代こそ、子どもにも大人にも実感してほしいと願います。

自然の営みに耳を傾け、目を凝らし、その営みを楽しんでほしいと願います。

歯止めがかからず、もろくなる国土と多発する災害。これらの根本原因の改善につながる視点を伝えたい——。そんな思いで、東日本大震災以降、環境再生講座や共同作業の実地指導などに、精力的に取り組んでまいりました。

その技法や視点は、現代の樹木医や専門家の方々が修得されている一般的な技術体系とは異なるものであることを、ここで申し上げねばなりません。

もともと私は樹木や森林、土木、造園技術を学び、それをベースに経験を積んでまいりました。その中で、現代の科学技術の基となる学術体系からは「見落とされてしまった大切な視点」の存在に気づき、それが現在の活動につながっています。

大地と共に生きてきた古人が経験的に身につけてきた共生のための智慧と視点の中に、私たち人間を含む自然界総体への確かな理解の糸口があると思います。

われわれは人類が積み重ねてきた文明社会の営みの中で、大切なものを取り戻していくことが、これから急務になることでしょう。拙著出版というこの機会が、より良き社会となるための軌道修正につながることを願い、微力であってもできることをしていきたいと思います。

最後になりましたが、10年近く前から私の活動を注視いただき、また今回の書籍発刊のためにも尽力くださいました、建築資料研究社発刊季刊『庭』編集長の澤田忍さん、説明のためのイラストや図を考えてくださいました来島由美さん、岸加奈子さん、平沢由実さん、甲田和恵さん他、ご協力、ご支援くださった多くの方々に心より御礼申し上げます。

また、「大地の呼吸」という視点で、長年環境の再生と啓蒙活動に、先駆者として取り組み続けてこられた矢野智徳さんに心からの敬意と感謝を申し上げます。

２０２０年5月8日　千葉市緑区　自宅にて　高田宏臣

参考文献

養父志乃夫『里地里山文化論　上・下』農山漁村文化協会、２００９年
田淵実夫『石垣』法政大学出版局、１９７５年
松浦茂樹『国土づくりの礎　川が語る日本の歴史』鹿島出版会、１９９７年
新村安雄『川に生きる　世界の河川事情』中日新聞社、２０１８年
植村善博『京都の治水と昭和大水害』文理閣、２０１１年
ジャスパー・シャープ／ティム・グラバム＝著、川上新一＝監修
『粘菌　知性のはじまりとそのサイエンス』誠文堂新光社、２０１７年
貝塚爽平『東京の自然史』講談社、２０１１年
榧根勇『地下水と地形の科学　水文学入門』講談社、２０１３年
稲垣栄洋『生き物の死にざま』草思社、２０１９年
磯田道史『天災から日本史を読みなおす　先人に学ぶ防災』中央公論新社、２０１４年
大石道夫『微地形砂防の実際　微地形判読から砂防計画まで』鹿島出版会、２０１４年
リチャード・バージェット／デイヴィッド・ワードル
『地上と地下のつながりの生態学　生物間相互作用から環境変動まで』東海大学出版部、２０１６年
二井一禎／肘井直樹＝編著『森林微生物生態学』朝倉書店、２０００年
ニコラス・マネー＝著、小川真＝訳『生物界をつくった微生物』築地書館、２０１５年
大坪亮一『水の科学　新しい水の話』東宣出版、２０１１年
清和研二『多種共存の森　１０００年続く森と林業の恵み』築地書館、２０１３年
遠藤邦彦『日本の沖積層　未来と過去を結ぶ最新の地層』冨山房インターナショナル、２０１７年
小川真『森とカビ・キノコ　樹木の枯死と土壌の変化』築地書館、２００９年

青木敬『土木技術の古代史』吉川弘文館、2017年
上田正昭『死をみつめて生きる　日本人の自然観と死生観』角川学芸出版、2014年
菊池多賀夫『地形植生誌』東京大学出版会、2001年
山野井徹『日本の土　地質学が明かす黒土と縄文文化』築地書館、2015年
苅住昇『最新樹木根系図説』誠文堂新光社、2010年
上田篤＝編著『鎮守の森』鹿島出版会、2007年
福嶋司／岩瀬徹『図説　日本の植生（第2版）』朝倉書店、2017年
小路淳／杉本亮／富永修＝編
『水産学シリーズ185　地下水・湧水を介した陸─海のつながりと人間社会』恒星社厚生閣、2017年
青山正和『土壌団粒　形成・崩壊のドラマと有機物の利用』農山漁村文化協会、2010年
ステファノ・マンクーゾ／アレッサンドラ・ヴィオラ、久保耕司＝訳
『植物は〈知性〉をもっている　20の感覚で思考する生命システム』NHK出版、2015年
ジョン・バチラー＝著、小松哲郎＝訳『アイヌの暮らしと伝承』北海道出版企画センター、1999年
平井孝志『土のいのち』微生物的環境技術研究所、1980年
福岡伸一『動的平衡　生命はなぜそこに宿るのか』木楽舎、2009年
日本地下水学会／井田徹治
『見えない巨大水脈　地下水の科学─使えばすぐには戻らない「意外な希少資源」』講談社、2009年

著者略歴

高田宏臣（たかだ・ひろおみ）

株式会社高田造園設計事務所代表、ＮＰＯ法人地球守代表理事
１９６９年千葉生まれ。
東京農工大学農学部林学科卒業。
１９９７年独立。
２００３～２００５年日本庭園研究会幹事。
２００７年株式会社高田造園設計事務所設立。
２０１４～２０１９年ＮＰＯ法人ダーチャサポート理事。
２０１６年～ＮＰＯ法人地球守代表理事。

国内外で造園・土木設計施工、環境再生に従事。土中環境の健全化、水と空気の健全な循環の視点から、住宅地、里山、奥山、保安林などの環境改善と再生の手法を提案、指導。大地の通気浸透性に配慮した伝統的な暮らしの知恵や土木造作の意義を広めている。行政やさまざまな民間団体の依頼で環境調査や再生計画の提案、実証、講座開催および技術指導にあたる。
著書に『これからの雑木の庭』主婦の友社、２０１２年、他

土中環境
忘れられた共生のまなざし、蘇る古の技

２０２０年６月20日　初版第１刷発行
２０２４年５月15日　　第14刷発行

著者　高田宏臣
編集　澤田 忍
発行人　馬場栄一
発行所　株式会社建築資料研究社
〒１７１-００１４東京都豊島区池袋２-38-１
日建学院ビル ３Ｆ
ＴＥＬ：03-３９８６-３２３９
ＦＡＸ：03-３９８７-３２５６
デザイン　山本誠デザイン室
印刷・製本　株式会社広済堂ネクスト

Printed in Japan　ISBN978-4-86358-700-7